LOCUS

LOCUS

LOCUS

LOCUS

Smile, please

smile 187

瘋狂忙碌拯救法：工作忙瘋了自救處方

作者：曾娜・艾芙瑞特（Zena Everett）

譯者：吳書榆

責任編輯：張晁銘

封面設計：林育鋒

內頁排版：陳政佑

校對：Y.Z.CHEN

出版者：大塊文化出版股份有限公司

105022 松山區南京東路四段 25 號 11 樓

www.locuspublishing.com

讀者服務專線：0800-006689

TEL：(02)87123898　FAX：(02)87123897

郵撥帳號：18955675　戶名：大塊文化出版股份有限公司

法律顧問：董安丹律師、顧慕堯律師

總經銷：大和書報圖書股份有限公司

地址：新北市新莊區五工五路 2 號

TEL：(02) 89902588　FAX：(02) 22901658

初版一刷：2022 年 8 月

定價：新台幣 350 元

ISBN： 978-626-7118-80-1

Printed in Taiwan

瘋狂忙碌拯救法

工｜作｜忙｜瘋｜了｜自｜救｜處｜方

THE CRAZY BUSY CURE

A PRODUCTIVITY BOOK FOR PEOPLE WITH
NO TIME FOR PRODUCTIVITY BOOKS

曾娜·艾芙瑞特 Zena Everett——著　吳書榆——譯

紀律帶來自由。

——亞里斯多德（Aristotle）

目次

第五部：自由

參考書目

你是否忙到快瘋了？

你中了幾項？

□你有很多事要做，到頭來卻什麼事都做不了。
□你答應太多事，很難拒絕別人。
□你永遠都處於「開機」、隨時找得到的狀態，但在內心深處，你覺得與那些對你而言很重要的人很疏離。
□你的同事、朋友和家人常說你好像很忙。
□你很難有時間思考，更別說從策略面作考量。
□你總是在滿足別人的優先需求和考量後，才滿足自己。

□你無法多花時間在事關重大的優先事項上，這一點讓你很不爽，但你找不到解決方法。

□你隱約感知到做什麼事能改變局面，但你沒有時間去找出到底是什麼。

□你的行事曆上排滿會議，你沒有時間好好開完一場會議之後才轉赴下一場，也沒法好好準備。

□電子郵件是造成你人生不幸的根源，你的收件匣變成你的待辦清單。

□你在「正常」的工作時間裡常會被打擾，因此做不了什麼有用的事。

□如果你是主管，你的團隊得不到必要的資源，他們可能因此趕不上截止期限，然後抱怨他們要做的事太多做不完。其他主管則開始抱怨你的團隊老是卡住大家的瓶頸。

□當你把工作交辦給忙碌的下屬時會覺得愧疚。團隊的分工很不平均：最出色的人才要做的事最多，績效不彰的人總是可以逃掉任務分派。

□你很少好好吃午餐，通常都是就著螢幕吞糧草。你會替別人修補失誤、讓他們的人生好過一點。別人喜歡你對你來說很重要。

☐很難得有空閒時，你也會把時間填滿。你根本不記得自己有過「那我今天要做什麼？」的疑問。

☐你覺得別人的批評都是衝著你來的，也有人說你太敏感了。你痛恨犯錯。

☐你有時候會沒有心情工作，必須硬撐著才能做下去。

☐如果你無法即時回覆電子郵件或訊息，你會很焦慮。

☐你很少有心情專注去做「深度」工作，因此很多事情都拖著，直到你有心情或是截止期限已到才做。

☐生活逼人，你覺得人生好像就這麼過了，完全不像以前那樣有樂趣。

☐瀏覽臉書或ＩＧ讓你很沮喪，其他人看起來都好有成就。

☐工作就好比是上健身房，你努力踩踏板，但從來不會前進。(而你也從來不上健身房。)

☐你沒有辦法好好把這份清單讀完。你只是快速瀏覽，好像什麼都讀了。

成績揭曉：你到底忙到什麼地步？

我十幾歲的時候很喜歡做雜誌上的小測驗，但是我不要用那種方式計分。你懂我在說什麼，比如：

- **二十個以上**：你可能隨時會停止心跳。你眞的已經忙到瘋掉了，整個人快要燒起來了。
- **十個以上**：你在瞎忙。你的事業難以發展，因爲你根本沒有效率。
- **不到十個**：你是機會主義者。你一整天都在幹嘛？你到現在還能領到薪水、沒有被人砲轟是薪水小偷，算你運氣好。

諸如此類。我刻意講得輕鬆有趣，但是，忙碌這種癮頭、忙碌這種病，一點樂趣也沒有。

如果你第一題就打勾，那就夠了。如果你覺得你有好多事要做，但到頭來根本什麼事都做不好，那就表示，你和太多二十一世紀的上班族一樣，都忙到瘋掉了。

你覺得自己忙到什麼地步，那是你的事，我的工作是要把你從這一列大家互相比忙、每個人都獨自瞎忙、忙到瘋掉的隊伍裡拉下來，讓你更成功、更快樂。

治療你的第一步，是你要判定目前的工作方法對你來說已經無效，很可能對你所屬組織來說也是如此。如果你繼續像這樣打轉窮忙下去，你的人生和你的事業又會怎樣？

如果你可以用更有效率的方法創造出實質成果，就能用更合理的工時完成工作。就是這麼簡單。你可以關掉鬧鐘，擁有人生，和你在乎的人共度美好時光，做你自己想做的事，重振你的精力，好好呼吸，甚至能有時間把你辛辛苦苦賺來的錢拿去消費投資。你會更有生產力、更充實，和你一起工作的人們也是。

最重要的是，你能掌控並選擇你的一天要做哪些事，而這就是我對成功的定義。

你想成為哪一種人？

忙到瘋掉的人	生產力高又快樂的人
努力工作的人	績效高超的人
迷失在忙碌裡	把事情做好
陷入旁枝末節	從策略面執行
深夜狂發電子郵件	有空審慎思考問題和電子郵件
總是匆匆忙忙，沒有時間談話	展現冷靜的氛圍，營造傾聽的空間
放任問題愈來愈嚴重	防範於未然
樂於討好他人	樂於取悅主管
因循苟且	重要的事先做

厭惡進行難以啟齒的對話	鼓勵別人提供回饋意見
手中的待辦事項清單冗長且早已經過了時效	列出每天優先處理事項，最多三項
無法拒絕，時間總是不夠用	設定自身目標的先後順序，並根據組織的規畫盤算加以調整
是受人歡迎的同事，但是因爲很忙，素有拖慢專案的名聲	總是要求加入專案，通常還會領導團隊
行事曆上排滿了一場接一場的會議，沒有時間預作準備	明智選擇要參加的會議，並做好準備
常需要關注共同執行專案的同事	只需要檢查工作流程的進度
錯過截止期限	每天都多一點點進度
覺得受不了	覺得一切都在掌控中
「你需要我做什麼？」	「這星期怎麼就這樣過了？」

簡介：瘋狂忙碌會毀了生產力和快樂

哪些因素有礙你把事情做好？

我是高階主管教練，我早就明白，無論我這些客戶的才華或企圖心有何差異，影響他們成敗最重要的因素之一，就是他們如何聚焦自己的注意力和時間。

多數人管理工作時間的方法，對我們來說完全沒用。我們衝出一場乏味的會議之後又衝進下一場，像是特技表演般同時拋接多個專案，不停地收信，承諾的太多、但完成的太少，因爲一天裡根本沒有時間把每一件事都做好。我們執著於設定期限並設法達成，每一個人都在比誰比較忙。

我們以自動導航模式運作，回應十萬火急的要求，很少停下來想一想接下來要做什麼。我們迷失在時間與精力的黑洞，做著一件又一件對大局無關緊要的任務。這些任務看起來是工作沒錯，但沒有太多實質效益。

讓人更受不了的是，我們很少能離線。我們總是緊抓手機，錯失任何資訊都沒法忍受。你可以自己做個測試，當你去喝杯小酒時，你會安安靜靜地站著、沉浸在自己的想法當中，還是查看各式各樣的通知？如果車子裡只有你一個人，當你在等紅燈或塞車時，你需不需要很努力抗拒，才能讓自己不去查看訊息？

你何時才有時間思考？說到底，你可是靠這些賺錢：你的想法、點子、知識、經驗和腦力。

我們的注意力被分割得零零碎碎，很難排除雜音然後專注。

以過去的十分鐘來說，你把注意力放在哪些事情上？你讀這本書時有抬起頭來過嗎？什麼事情讓你分了心？什麼事情想要搶占你的注意力？你的心思漫遊到哪裡去了？即便像是去覓食這種令人愉悅的選擇，都會變成導致認知能力負荷爆量超載的地雷區。康乃爾大學（Cornell University）的布萊恩．汪辛克（Brian Wansink）和他率領的團隊研究人類飲食的「不花心思自動導航模式」（mindless autopilot），估計光以食物來說，人們每天就要做出超過兩百二十六項決策。這些事看起來不花心思，但實際上還是會耗掉腦力，並使我們本來就會引發壓力的生活步調更添緊張。

就以早上買咖啡的對話爲例。

對，麻煩你，一般的牛奶就可以了。對，中杯就好。不，我不要加這個。好的，麻煩你，外帶。曾娜，曾祖父的曾，女字邊的娜，喔，沒關係，那邊的那也可以。謝謝。好。我今天應該會很愉快，希望你也是，這是我的嗎？喔，抱歉，不對，這是他的，那是我的。很好，謝謝。

這是革命性的進步嗎？生活步調加快，但是這些交流顯然沒有帶來任何愉悅，我甚至覺得有點緊張。我很確定，不管櫃台另一邊的服務人員身上別了多少徽章、笑容有多燦爛，他們也不太開心。

但大多數人已經習慣了，撐著度過每一天的辛苦忙碌，有些人甚至活得很好。隨著我們要擔負的責任愈來愈重，要做的選擇與要耍好的把戲也愈來愈多。誰能幫幫我們撥雲見日？

提高生產力並不代表要增加工時，而是意味著要選擇去做影響力最大的任務並消除干擾，讓你好好把該做的事做好。

沒有人告訴我們要怎麼辦到，我們得自己想方設法，才知道怎麼樣做到嚴守優先次序，把注意力只放在重要的工作上，管理時間、把類似的活動聚集在一起，不再嘗試取悅每一個人，還有，最困難的，要懂得拒絕他人。

也有一些忙碌是屬於結構性的，我稱之爲**文化性忙碌**（cultural busyness）。你知道的，你每個星期都要寫一份你懷疑根本不會有人去讀的枯燥報告；還有，組織裡也總有一些只因「我們一直都是這樣做」、害大家要重複浪費精力的複雜流程。這些就是我要講的瘋狂之事。

我們正在對付數位化引發的無止盡需求。過去，一九三〇年時，經濟學家凱因斯（John Maynard Keynes）曾經做出一個讓人開心的預言，他預測到了今時今日，工時應該大幅縮減到每星期二十小時左右，勞工能享有更多的休閒時光，並能享用他們在物質上賺到的報酬。眞的是這樣嗎？

實際上的情況恰恰相反。

除了實質的工作之外，我們還有讓人忙碌的假性工作。

數位化革新了我們的工作方式，並在實質的工作之外又裹上一層假性工作。我們多數人都是知識性勞工，與有實質產出的生產線勞工相比，我們生產的是無形成果，比方說試算表或是簡報投影片。生產線的效率遠高於多數總部辦公室，看起來，我們並不珍惜才華出眾的人力資源價值。想像一下，如果你正在裝賽車的輪子，忽然間有人叫你停下來，看一下後面怎麼了，並去修一下排氣管，然後停下來花幾個小時開個檢討會，那你會怎樣？

多數辦公室就是這樣運作的，不斷從一個頻道、螢幕或任務切換到下一項，而且從來不去算成本有多高。

這麼一來，我們就要花上更長的工時，才能趕完未完成的工作。生產力下滑，顯見這套策略並未奏效。我們拿出各式各樣的解釋與藉口，但擺在眼前的事實就是效率不彰。

面對著各種重複的流程、團隊之間繁瑣緩慢的溝通、已經無法達成目標的系統以及不適當的培訓，確實會讓人覺得如今要比五年前、甚至十年前花更長時間，才能完成相同的工作。

每個人都愈來愈煩悶、疲憊、寂寞與沮喪。

瘋狂忙碌讓我們飽受壓力、疲憊不堪、永遠連線。多數人晚上做的最後一件事、以及早上起床做的第一件事，就是先看一下手機。

這種連線型的忙碌，並非實質的社交聯繫，我們大家都心知肚明。強大的演算法吸引我們回到社群媒體，讓我們分心偏離應該先做的事，干擾我們的日常生活架構。

很多人都在承受社群媒體對於人類心智健康、全球政局以及做事效率造成的傷害。我們隨時隨地都連在網路上，根本無法從中清醒。你上一次用電話和某個人好好深談是何時的事了？

如果你和周圍的人都沒有時間傾聽彼此、培養實質的關係，工作就會讓人彼此疏離。如果你在遠端工作的話，這兩點又特別難做到，但就算你和同事共處一「室」，也不保證就自然水到渠成。你的主管真的了解你這個人、知道你的人生想要得到什麼嗎？你自己又知道嗎？

良好的社交關係是最好的指標，可以點明我們有多快樂。無論你是獨立工作或是屬於某個忙碌的團隊，瘋狂忙碌的排程都會讓人更難培養出實質的關係聯繫，在工作上如此，工作以外亦如此。

人際網絡是事業成就中非常重要的一部分；缺乏強韌的連結不僅會導致事業停滯不前，後果還遠比這更可怕。

專精社交連結領域的心理學者茱莉安・浩特—蘭絲塔德（Julianne Holt-Lunstad）以超過三百四十萬位受試者爲對象，做了一份開創性的大數據分析。結果顯示，社交上的孤立與寂寞和早逝有關，風險提高了約百分之三十。她所做的社交連結和死亡相關性研究顯示，與社交連結較少的人相比，社交連結較高的人在特定期間死亡的機率低了百分之五十。

寂寞對於健康造成的風險就相當於每日吸十五支菸。

我們必須停下匆匆忙忙的腳步，因爲就算我們速度這麼快，還是哪裡也到不了。我們需要慢下來，彼此傾聽，建立連結，並以更謹愼的態度設定優先順序，選擇要做的事。

我曾是瘋狂忙碌的人，但已洗心革面

約莫二十年前，有一家電視製作公司來找我，他們想要做一檔關於七宗罪（seven

deadly sins）的節目。他們過來拍攝我一整天的生活，以我這隻緊張倉皇的無頭蒼蠅當作懶惰之罪（sin of sloth）的反面教材。拍攝團隊跟在我後面，在倫敦四處衝來衝去，看著我沒頭沒腦地只求達成目的，完全不顧自己以及周遭世界的步調。

我從來不敢看這個節目，眞是丟臉丟到家了，讓我無言以對。我不知道對照組的懶散樹懶兄做了什麼，我假設他清醒時的多數時間都坐在沙發上，但誰又知道他在想什麼、或者等他暫停一下之後會做出哪些成果。

現在的我是一位領導學的教練，我協助客戶弭平差距，讓他們能從現在所在的位置到達未來他們想抵達的目標。本書的內容，就是我被自己的瘋狂忙碌給刺激到、以及花了幾千個鐘頭輔導他人之後學到的心得。如果連我都做得到，你也可以。

如果你找不到時間開始去做，目標就無用。

胸懷大志、才華出眾的客戶一次又一次告訴我，就算他們非常有心，但當他們要努力完成具有影響力的任務時仍是百般辛苦，這讓他們很沮喪。他們每天上班時，通常都很清楚今天要完成哪些任務，然而，到頭來他們仍把許多時間花在例行的行政事務，處理旁人的打斷、讓人分心的事物以及各種突發意外（你懂得，就是「我可不可以拜託你……？」）。他們把日常工時延長，爲了找到可以靜一靜的時間一早就進辦公室；要不然就是每天加班，到很晚時才開始做他們本來希望一早就能做完的事。如果我們認爲，當他們把電腦關起來，這一天的工作就結束了，那就是在自欺欺人；根本沒人在管規定的工時。他們會在深夜和早上一起來就查看電子郵件，在這兩個時段之間的某些時候也會看。他們常在深夜狂發電子郵件，讓惡性循環更惡化。他們隨時隨地處於「開機」狀態，也逼得別人也要隨傳隨到。

我會請他們列出對於他們的組織與事業影響最大的專案或措施，之後我們會去算，看看他們在這上面實際上花了多少時間。不變的是，他們都會說花在優先要務上的時間最少，有時候甚至根本沒有去做這些潛在影響最大的工作。

他們的理由各有不同。有人挪不出啓動任務所需的大把時間，有人不知道如何開始行動，也沒有挪出時間去想一想第一步應該怎麼做，還有人是一直拖著不動手，因爲他們擔心結果會有一絲一毫的不完美。

拖延症通常是指向完美主義的重要指標，而多數成就極高的人都有完美主義的傾向。多數人也有「學生症候群」（student syndrome）的問題：拖到截止期限快到時才開始做。如果只有一個明確絕對的最後期限，他們反而很容易先分心到別的地方，拖著不開始做。不管是哪一種情況，這些人多半沒有什麼備用產能，他們的行事曆上排滿了會議，主管和團隊成員也不斷來打擾，以致於他們沒有時間思考。他們是瘋狂忙碌的人。

比前述更糟糕的，是那些比賽誰忙得更瘋的人。這些人誇耀自己去開了一場又一場會議，把這種事當成榮譽徽章：「我向來匆匆忙忙，這代表我眞的很重要，無可取代。」他們承諾得太多，但做到的太少，因爲他們根本跟不上自己打算要做的事。他們老是讓同事火冒三丈。

你自己忙到瘋掉對他人有何影響？

瘋狂忙碌的人很快就獲得拔擢，因爲他們非常善於執行工作。他們的出發點都是好的，但卻是很糟糕的經理人。他們不是很好的典範，無法讓別人知道應該如何做事或應該有什麼抱負。他們沒有時間管理觀念：無法及早偵測出問題、修正路線，也無能培養信任，更不會去傾聽團隊的聲音或針對職涯發展進行對話。看起來，他們能做的就是得過且過，遵循人力資源管理部門的指引，每個星期或每兩個星期和團隊成員一對一談話。

我很確定這些話你聽起來很耳熟。且讓我們假設，每個人每天去上班都是爲了做好一份正當的工作，下班返家則希望過著充實的生活。我們不會在事業剛起步時就許願想要像這樣過度緊繃。

本書要拆解人類天生的奮發個性如何變成共犯，和數位化以及管理不當的組織文化同謀，創造出沒有生產力又不健康的瘋狂忙碌大補帖。

對於工作以外的人生又有何影響？

工作之餘，除了做點運動、在各個不同的螢幕中切換、湊合過著大概夠好了的社交與家庭生活之外，我們之中有多少人還會做些別的事？此時此刻是電影與電視的黃金時代，也有好多事物競相要我們投以關注。我們很少覺得無聊，但是各式各樣讓人分心的數位事物耗盡了我們的精力。

我會問我的聽眾傍晚時會做些什麼事，有太多人告訴我他們累垮了，很懶得出門、運動或是好好煮一頓飯。就只能癱在某個螢幕前方，食不知味扒著食物，複製在辦公室裡已經做了一整天的事。或者，他們受不了有時間卻沒做任何安排，因此在工作之外的排程也同樣忙到瘋掉。他們的孩子同樣也有排滿的行事曆。我有些朋友行程已經滿到不行，我們還得動用排程調查工具才能約好一起吃晚餐。

最讓人難過的部分，是當我問起，如果每天都多出一小時專屬自我的時間，他們會做什麼？他們多半想不到。他們已經不知道什麼事會讓自己快樂了。

爲何要替自己騰出一點時間變得如此困難？客戶經常告訴我，他們願意放棄一切，只願換得多一小時的睡眠，但是他們又想要有時間減壓，因而拖過了應當入睡的時刻。他們知道自己需要擺脫螢幕，但每天最後看到的東西卻就是螢幕。媒體公司競求我們的關注，對抗我們想要關機睡覺的渴望。現代人做出的妥協，應該會讓凱因斯嚇一跳。

我們要如何才能脫離瘋狂忙碌的行列？我們從來不想浪費任何資源，但卻不斷揮霍時間。諷刺的是，時間是我們無法創造的資源，寶貴的分分秒秒一旦消失了，就永遠不會再回來。

本書要談得是如何重新掌控你的時間、注意力和焦點。如果你是一位領導者，管理注意力和焦點是一項非常重大的挑戰，但一般人通常沒有意識到這一點。我會幫助你破關。

我們也會檢視你的瘋狂忙碌行爲如何影響同事，尤其是在會議、電子郵件、工作流程管理以及提供回饋意見這幾件事上。你很容易被公司資訊部門急切買進的各種即時通訊工具吸引嗎？他們推動系統的動機是爲了把建置系統的經歷放進履歷裡，根本不去管是不是真的能強化溝通。且讓我們都停下來吧。

我們正在浪費才能

我相信，企業組織有責任處理這種忙碌造成的負擔。重新設定團隊一整天要做的工作，企業組織可以從中獲得生產力、獲利能力、互動交流、福祉益處以及留住人才的好處。比起企業組織目前投入的各種高成本方案，重新設定是更高效的干預手段。

出色的經理人難覓。企業組織要把培養「領導」能力放在優先的位置，超越管理、工作交付、回饋、資源管理技能等基礎細節。如果領導者根本沒有時間思考，花大錢培養策略性思考技能就沒有意義。如果等你上完課回辦公室時又多了幾百封電子郵件催促著你點開來看，正念這類用來增進心理福祉的覺察訓練課程也只會適得其反。

我們每個星期都會因為分心與干擾而浪費至少百分之二十的時間。

二〇一七年，貝恩策略顧問公司（Bain and Company）的麥可・曼金斯（Michael Mankins）和艾瑞克・加頓（Eric Garton）合作出版了一本經典之作《時間、才能和活力》

（*Time, Talent and Energy*），在書中寫到了「組織拖累」（organizational drag）：人會因爲各種拖慢事情進度的制度面因素（我之前也已經寫出很多範例），耗損多達百分之二十的時間。經理人耗損的時間則可高達百分之二十五。而且，這裡要說清楚的是，這些時間並不是耗在妥善管理團隊上，而是因爲被各方的人事物劫持，到處疲於奔命。爲什麼要聘用這些最出色的人才、然後又阻礙他們做事？

領導者並未領導，沒有給我們願景，也沒有啓發我們去幹大事。他們做的都是例行的行政，就算不是全然無用，也是不太有意義的任務。

如果我們可以修正問題，讓你可以大聲宣告如今做一天的工作就相當於過去做一星期，這對你來說將有何差別？

當你肯承認自己被這種沒有生產力、耗神竭力、讓人生病的瘋狂忙碌狀態箝制住無法動彈，你就有可能脫身而出。解決方案多半要靠你自己，你要做出更好的選擇，決定你接下來該做的事。我們要把時間花在更有生產力、更有意義的地方，而不只是反射性地回應眼前大吼大叫的人事物，就算那是你頂頭那位已經失控的主管也一樣。

我的目標是要爲你提供幾個務實的步驟，幫助你不再耗損百分之二十的時間。我會讓你好好做完一天的工作，讓你覺得有進展。等你可以下班回家，你會覺得能好好過生活，把錢花在你想要享受的地方，然後重拾精力、焦點和創意，隔天再度回到工作崗位。

現在已經是二十一世紀了，這樣的要求應該不算過分，對吧？網路市調公司輿觀（YouGov）對英國的勞工做了一項調查，發現有百分之三十七的員工都認爲，自己的工作對這個世界沒有任何實質貢獻。眞是讓人心碎。

新冠疫情是否重新設定了我們的生產力？

這個世界自新冠疫情爆發以後就全變了，這場危機迫使我們改變工作與人際間聯繫的方式。生產力調查公司說，人們實際上創造出更多的成果，因爲我們不再一直被打斷。這場疫情眞是敲響了世人早就需要的一記警鐘。

在可預見的未來，分開工作可能會是常態。企業正在重新思考實體辦公空間的需求。協作與腦力激盪這些事最好是大家在辦公室裡一起做，然後我們可以回家把焦點放在細項上。

好的領導者會在虛擬會議和一對一會談上加碼，他們會敏銳地探問員工的身心福祉與個人處境，藉此培養信任。他們會設定比較短期、比較容易達成的期限，以維繫動力和溝通。他們會說：「我看不出來你今天過得好不好，因此我需要你說給我聽。」彆腳的領導人只是更改日常會議，轉爲線上，沒有好好確認團隊的狀況，他們自動假設，如果誰有需要的話自會尋求協助。

領導者應該把遠距工作模式當成契機，轉而找出更聰明、更集中的工作方式，堅定地將焦點轉而聚焦在成果上，而不是比誰加班工時長。

很可惜的是，少了上下班的界限，我有很多客戶在家工作的工時更長了。這是那種「只要再多做一件事就好……」的心態。有些人管理散居不同時區的團隊，就我看來，他們設定的根本是難以長久維繫下去的工作模式。

我對他們說，雖然他們聰明過人、才華洋溢（這些人確實如此），但也不是超人。他們的身體也透露出這樣的訊息。我的客戶中生病的人比以前更多了：偏頭痛、背痛、關節僵硬以及消化道問題等，特別嚴重。我不是醫生，但是就我看來，這些像是很讓人憂慮的壓力指標。

你要如何改變？

就讓我把你從這種瘋狂忙碌的隊伍中拉出來，讓你改頭換面變成一個快樂且生產力高的人吧。

如果你的回答是「好」，那麼，你就要開始也學著說「不」。你無法一個人負責所有的事。如果你向來靠的是第一個上線、最後一個離開來證明自己的價值，現在你要改用什麼方法？你可能必須抑制自己想要掌控一切、取悅每個人並做到完美的渴望。這套辦法或許替你掙來目前的地位，但無法帶你到要擔負更多責任的下一個階段，因爲那時候你有太多優先要務，再也無法游刃有餘。

一開始，先讓我們回到基本面，檢視瘋狂忙碌的根源何在。我們無法讓時光倒轉，然而，一旦理解了問題從何而來，解決方案就會更明顯可辨。

第一部

診斷

01 你怎麼會掉進忙瘋了的深淵

- 你是否一直因爲自己是一個辛勤工作的人而深感自豪？
- 你從小到大受到的教育，是否讓你相信「如果一份工作值得去做，那就值得好好去做」？
- 是否有人說過你是工作狂？

別因爲你是一個瘋狂忙碌的人而自責。會成爲這樣的人，通常都是出於正面的想法，而這多半都是一種防衛機制。

很有可能，你秉持著高度的工作倫理，要求的標準也高，這些因素推動你讓你擁有成功的事業。但除非你重新調整你的工作方法，不然的話，當壓力一大，你便不可能繼續這麼做，這些標準就變成了問題。你必須放棄部分的控制權，不再執著難以達成的高標準。這很可能會讓你不安。

不管是什麼優點，一旦用過了頭，都會出現陰暗面。過去帶你搭上事業發展特快車的人格特質和行事作風，現在變成了反噬力道。

就算你決定放慢攀爬企業天梯的速度，瘋狂忙碌仍會讓你不快樂。如果這沒有變成問題，你現在就不會讀這本書了。

套句暢銷書作家兼高階主管教練馬歇爾・葛史密斯（Marshall Goldsmith）的話：

> 上的來這裡，上不去那裡。

瘋狂忙碌的人，通常都有一種或多種會產生陰暗面的特質，以下哪一種最像在說你？

一、你要做到完美

如果回頭去看求學的時光，你很可能因爲非常用功讀書而備受讚美。你可能比多數同學更聰明，也可能不是，但聰不聰明實際上沒那麼重要。智力可以預測學術成就，但是智商與職場成功之間的相關性非常有限。我們都認識那種野心勃勃的人，是企圖心帶著他們在人生中高飛，遠遠超過老師們當年的預期。

完美的表現很可能也給了你獎勵。現代父母受到的教育，是要讚美並獎勵孩子的努力，不要去看成績表現；努力與否是孩子可以控制的，成績則不是。你不一定能控制最後的結果。

然而，我的父母就和他們同輩的人一樣，他們讚賞結果，推動孩子追求卓越。他們會把重點放在我寫錯的那一個字上，而不是其他我寫對的部分。

我還清楚記得學校成績單上的一句評語。我的歌唱老師寫道：「曾娜唱歌時看起來快樂多了。」（說實在的，他這句評語給得很委婉，因爲我的音色根本不準。）但我的母親非常氣憤，因爲這句話「毀了」我本應頂尖的成績表現，因此跑去找校長投訴。

我從中學到什麼？人生是二元對立的：你要不就是百分之百的完美，要不就是百分之百的失敗，沒有灰色地帶。我對自己很嚴苛，把重點放在不足上，從不看正面之處。如果我某個星期的拼字測驗全對，我會看輕試題，覺得那是因為題目太簡單了。

像我這樣的完美主義者會交出完美的成果，但想當然爾，隨著我們擔負的責任愈來愈重大，再也無法做到一切完美，這讓我們壓力大如山，我們再也無法掌控所有事情。我們會把價值低但簡單的任務排在影響力大的重要任務之前，因為我們可以完全掌控前者。我們拖著不願交出未達完美的成績，拖延症發作。只要還有時間，就繼續拖。

當我們設法把所有工作都做到盡善盡美的同時，也變成瘋狂忙碌的人，就像跳著迴旋舞的托缽僧不停旋轉，迷失在細節裡，行事曆上塡滿了根本做不到的過度承諾，還有無法完工的待辦事項清單。我們的忙碌也阻礙我們去面對生活中讓我們不快樂的部分。

讓完美主義者愈來愈窘迫的，是我們無法承受批評。我們很難接納回饋意見，因此不會徵求別人提供。如果無法請他人指出我們的盲點，事業發展就會走偏了。當我們邁入擔任領導角色時，這些盲點與技能的關聯就不大，重點反而在於我們和他人的關係、以及我們如何去管理他們以及自身的生產力。

在眾多談領導力的書中，我偏愛凱洛格商學院（Kellogg School of Management）教授卡特・凱斯特（Carter Cast）所寫的《職涯脫軌，當升職一再跳過我……》（*The Right and Wrong Stuff*)，他在書中講到這種防衛態度會阻止我們學習與發展，很多人正是因爲這個理由而卡在事業發展的高原區，無法更上一層樓。

二、你喜歡自己動手做，你不信任別人

你有極強的執行力，很能把事情做好。你是高績效的人，別人相信你可以有好表現，能達成目標並積極行事。你比同僚承擔更多的職責，工作時間更長，敦促自己要好好表現。你不怕做苦工。靠著這些名聲，讓你得以發展事業，獲得拔擢。對你來說，沒有什麼事情叫小事，你什麼都要親力親爲、追求卓越。

職場上的成就最初來自於個人內在技能：我們的人格特質以及自我管理的能力。你有很高的動機、紀律、魄力和企圖心，但在聚焦、設定優先順序以及組織技能方面的能力較爲低落。

除了個人內在技能之外，我們也需要人際技能：和他人合作的能力以及影響他人接受我們的觀點。管理他人，代表你必須透過他人來創造成果。

瘋狂忙碌的人沒有時間慢下來傾聽，也不會帶領跟隨自己的人。他們通常聚焦在創

造出量化結果，沒有時間大膽超越藩籬，從策略面思考。他們從細節開始做，因爲細節工作最讓他們覺得安心，有時候甚至會因此完全忽略大局。

我輔導過一位從事供應鏈管理的經理人亞利桑卓（Alessandro）。他在職涯早期快速發展事業，這是因爲他有很出色的談判戰術，也對每一份合約的法律面知之甚詳。但是，當他成爲領導者，團隊成員給他的互動交流評分很低。

最後發現，這是因爲團隊同時負擔了多項非常耗時的專案，不管他們付出多少心力，都不足以成事。雪上加霜的是，有些專案事實上還彼此衝突。這就是典型的文化性瘋狂忙碌。基層的人很清楚問題所在，但亞利桑卓就是不聽他們說。

等到他最後終於停下來聽人講，問題已經非常明顯。要解決「我們現在到底在忙什麼」這個問題，需要先做某些優先的專案，把其他的先擱下，然後重新累積動能。

瘋狂忙碌是事業成功的絆腳石。當然，你可以選擇不要走管理這條路，繼續擔任獨立貢獻者或是領域專家的角色，但是你仍有夢想，而且你總是必須要能影響他人並和其他人合作，你不能成爲礙事的瓶頸。

瘋狂忙碌會讓你愈來愈受不了，你甚至會拒絕某些事業發展契機，因爲你假設這些機會只會讓你更累。

三、你把他人的需求至於自身需求之前

以我輔導過的瘋狂忙碌人士來說，大多數都非常和藹、善良，他們天生適合從事管理。無論他們的專業是什麼，最後常常投入公益慈善事業，有些人當成副業，有些則成爲志工。

這些人都在人生很早期就承擔了照護責任，照料無法妥善照顧自己或是極爲挑剔的父母或手足。

不計一切代價取悅別人、委屈自己先滿足別人的需求，已經成爲這些人的習慣，有時候，這甚至是一種生存機制。以我來說，我的父母在身體和心理兩方面都很不健康，我向來覺得有責任要照顧他們，而不是反過來。

這個世界要依靠像我們這樣的人；反正，我們就是這樣對自己說的。

很多教練、治療師、醫療專業人士等種種協助他者的角色，都在很早的時候就負責照顧別人，這並非巧合。這是我們的現實處境，成年以後我們也在生活中重現這樣的狀況。我們把這樣的訊息內化，告訴自己這個世界就是這樣運作，而這就是我們在這個世界上要擔負的使命。

問題是，之後我們的負擔愈來愈大，再也無法滿足所有的要求。我們沒有畫下界限。

關係成癮型的人會試著讓每一個別人都好過一點，就算那是辦不到或根本不必要的。

你是那種會記得每個人的生日、會留下來加班做完別人該做的工作、主動參與你其實不想做的專案、甚至在每一場會議開完之後會收拾杯子的人嗎？你關心照料他人卻得不到讚賞或回報，是否會讓你覺得忿忿不平？你是否因爲努力工作而受到稱讚、但在升遷時又遭到忽略？你是不是很容易就覺得壓力很大，有時候還需要時間休息一下？家裡的所有家事雜活是否都由你負責？如果你沒有加入小孩學校的家長會，是否會讓你覺得愧疚？

我沒有資格做臨床心理學診斷，但我可以說這些表現很可能就是關係成癮（co-dependent）人格的指標。

關係成癮的人永遠在尋求認可，而且不善於要求獲得他們需要的東西。要求回饋是本書很重要的主題，因爲回饋可以讓我們的表現和生產力保持在正軌上。關係成癮的人對於帶有批判性的回饋意見極爲敏感，因此他們不徵求回饋。

他們的認同感通常深植於自己的表現如何，因此，一旦出了什麼錯，他們就很難理性面對。人生難免挫折，甚至應該鼓勵體驗挫折，因爲我們都知道人從錯誤中可以學到最寶貴的教訓。關係成癮的人受不了失敗，他們把失敗當成大災難：「那一場簡報我做得不太好，我這一生都要毀了。」他們不願意冒險，不容許在表現上有一點點不傑出，因此他們會固守在舒適圈內，不斷地瘋狂忙碌，去做讓他們在心理上覺得安全的低風險、低價值工作。

他們的名言是「有什麼需要我幫忙的嗎」，也很樂意在幕後幫忙。狡猾的同事會利用這一點，確認有把功勞歸到這些幫忙的人頭上，在感謝致詞裡明白地提到他們。這些善於利用別人的人總是希望團隊裡有你，甚至會在轉換職務時帶著你一起。這有助於滿足你想要受人喜愛、可以幫別人忙的需求。

該死，有些人從這套系統中學到的甚至是：關係成癮是正確的行爲模式。

很多年前，我還是幼女童軍時，在愛爾蘭西柯克郡班頓市（Bandon, West Cork, Ireland）聽到一個故事：樂於幫忙的小精靈在大家都睡著時偷偷溜進人家家裡，把家裡的雜活做好，生火（我都說了，這是很久以前的事），做好早餐，然後趁著大家都沒看到時又溜了出去。社會鼓勵年輕女孩就要做到這樣：行善不求感謝，順從又不自私。做好事之後我們自然會得到回報，但如果我們要求的話，就得不到了。

這類訊息會牢牢附在我們的潛意識裡，等我們厭倦了老是被蔑視，才會把它們踢走。

拜託，請清醒一點，聞一聞那一杯你僅爲自己而煮的咖啡，你身邊的每個人可能也分享了芬芳。

壓下你想要做過頭的衝動，畫出你的界限。

在《每一天練習照顧自己》（*Co-dependent No More*）書中，作者梅樂蒂．碧緹（Melody Beattie）建議說「你需要我做什麼?」而不是「我能幫你什麼忙?」這是很巧妙的轉換，這代表你不要承擔別人的問題，只是提供適當的支援。你可以自己試試看，眞的有用。

現在我們知道你會瘋狂忙碌的根源是什麼了。你大可責備父母，但你也可以找回掌控權，挑戰根深蒂固的思維偏誤。然而，你可能會覺得這也不是什麼心理因素，就只是你無法克服工作上的負擔，如此而已。這是我們要考慮的另一種類別。

四、即便你已經很用心了，但是還是很難精通組織面的技能

你可能只是覺得已經受不了了，很難安排到井然有序。這或許是因爲你承擔了太多工作，或是你的主管把所有的事弄得太複雜；也可能是因爲你無事瞎忙，並沒有眞正投入工作。本書中有大量的實用工具，讓你用來因應阻礙你的人與流程，你能掌控的部分比你所想的更多。

還有，如果你跟我一樣，很容易迷路，痛恨試算表且處理瑣碎細節時很辛苦，可能還有別的問題在發酵。與別人相較之下，規畫與處理對我們這種人來說顯然困難多了。第十六章專門爲了這類在處理工作上有難言之隱的人所寫，比方說運用障礙（dyspraxia）。我會提出一些因應之道的建議，但願能給你信心，讓你更能開口要求別人支援。

那麼，請繼續讀下去，治好你的問題。

首先，我們需要一些資料。你的一整天到哪裡去了？

02 哪些事物占據了你的時間？

- 你知不知道要完成你的工作實際上需要多少時間？
- 要怎麼做，才能挪出時間去做重要的事？

為何要把一件事做好這麼困難？

瘋狂忙碌的人是「帶動流程進行下去的人，把工作變成隱形的裝配線，但沒有時間去創造有意義的事物。高績效者則打造出現在還不存在的事物。」（同樣出於第一章提到的凱斯特）。

像我這樣的教練會告訴你，如果想升遷，你需要額外承擔你渴望晉身的階層需要承擔的責任。不要等到機會找上你，現在就開始接下來。自動請纓，讓別人看見你，諸如此類的。

這些建議原則上都很好，但我們沒告訴你要如何找到時間去創造額外的附加價值。你已經推到極限了，拉長你每天的工作時數並非長久之計。雖然有時候我們必須全心投入，工作時間長到不得了（這種情形很可能讓你很有樂趣），但沒有證據顯示拉長工時會讓人更有生產力。

工時長和事業成功之間並無相關性。多數人的評鑑標準根據的是產出的品質，而非數量。在辦公室坐到最晚的人換得升職的時代，早就過去了。

我是以銷售時間維生。我根據輔導時間收費，通常一節介於九十到一百二十分鐘之間。然而，如果我的客戶在我還沒上完課之間就已經靈光乍現，我們的課程就結束了。他們付錢給我並不是爲了把課上好上滿，而是因爲我能啓發他們思考。一切的重點都在於價值。

你應該要能在合理的工時內有出色的表現，然後回家好好過生活，隔天再用最好的自己回到工作崗位。這樣的要求應該並不過分。

你的實際工時有多長？

我已經數不清有多少次，有人告訴我他們必須履行（已經不合時宜）的表定職責範疇、又因爲團隊人力短缺而必須支援別人，同時還要代理請病假的同事。然後，他們還自願加入某個委員會，好替自己加分。工作不能這樣一直加！有些事情要放掉，時間是有限的。

英格麗（Ingrid）是一位資深稽核，她請完產假後銷假上班，工作時間調整爲一星期上班三天。她要達成的收費時數目標和她全職上班時一樣，並未改變。以一個經濟系畢業生且身爲執業會計師的人來說，她從來沒有去算過這件事，眞是非常諷刺。她很可能只是想避開尷尬難開口的對話，因爲她很「感恩」還有個位置等著她回來坐。

職場並不尊敬犧牲自己的殉道者，自信果決與談判技巧遠比沒有極限任人糟蹋的能耐更受重視。

剛開始成爲管理者的人，特別容易超時工作。你很了解那種情境：你把工作做得很出色，恭喜，你受到提拔成爲團隊主管，下面有一、兩個完全不具備任何技能的新手要交由你管理。你和你的主管之間很少進行實用的對話，根本不討論該如何交付工作或如何以更有效率的方式來做你的工作；反之，你只是加班加到愈來愈晚，試著趕上進度。

你這樣絕對無法把所有事都做好，你必須學會與這種情況共存。

要放掉什麼？

除非你深入探討自己實際上如何運用時間，不然的話，認爲自己可以在每一個星期裡再多擠出一點時間只是空想，更別說要完成清單上所有的工作了。你應該做什麼，又應該放掉什麼？

以下是我創立的**腦袋留白時段**模型（Head Space Model），這個模型會告訴你：

★你一整個星期做了哪些事。

★你可以從哪裡勻出額外的腦袋留白時段。

腦袋留白時段是創造出色職涯的根基，這指的是你要挪出時間，專用於處理新的專案、從策略層面思考、學習新事物、進行職涯發展對話、培養關係、贏得獎勵、爭取業務、回頭檢視瑣碎細節以便在問題惡化之前先行修正、做研究、保有領域專家的地位，凡此種種。這裡就是你能多做一點事來改變賽局的著力點，是瘋狂忙碌的對立面。

腦袋留白時段模型可以用來診斷你把時間都用到哪裡去了？

可用時間：你每個星期有多少個鐘頭可以用在工作上？

核心工作：你要花多少時間才能完成明文規定的工作範疇？理想上，你應該要知道這個數字，就職手冊／交接文件中應該要有相關資訊：「當你能夠勝任之後，輸入這些訂購單應該要花九十分鐘。」諸如此類。

除非你的工作型態是按時收費或是要有工時紀錄，不然這部分很少有人談，但即便使用這些制度，在最好的狀況下，實際工作時間通常也都是粗略的估算。工時學的相關研究被視爲已經過時了（我在第十五章會討論泰勒主義〔Taylorism〕對心情的影響）。

突發意外：可想而知，總是會有很多額外的「我可不可以拜託你……」這類事情跑出來；通常一星期，你應撥出多少時間來應付這種事？

例行行政工作：這些都是小事，但就耗掉了你的時間。要算到會議延遲開始或拖著不結束的時間、尋找密碼的時間、重新安排會議後的致電通知、在 Slack／Teams／Skype 等即時通訊軟體之間切來切去、因應重複的流程以及爲了讓組織能運作下去所必要的核心行政工作。

在理想的狀態下，你要記錄兩個星期左右的工時，之後你可以用十五分鐘的時間來完成這項演練。

以下是一個整理好的範例。且讓我們假設你一個星期要工作四十八個小時（我們先假裝你沒有隨時隨地檢查電子郵件，周末不工作，下班以後也不會登入電腦）。在這當中，四十五個小時都有用途了，所以你一個星期僅有三個小時的腦袋留白時段，或可用來從事額外活動的時間。你這樣怎麼有可能再承擔新的責任？

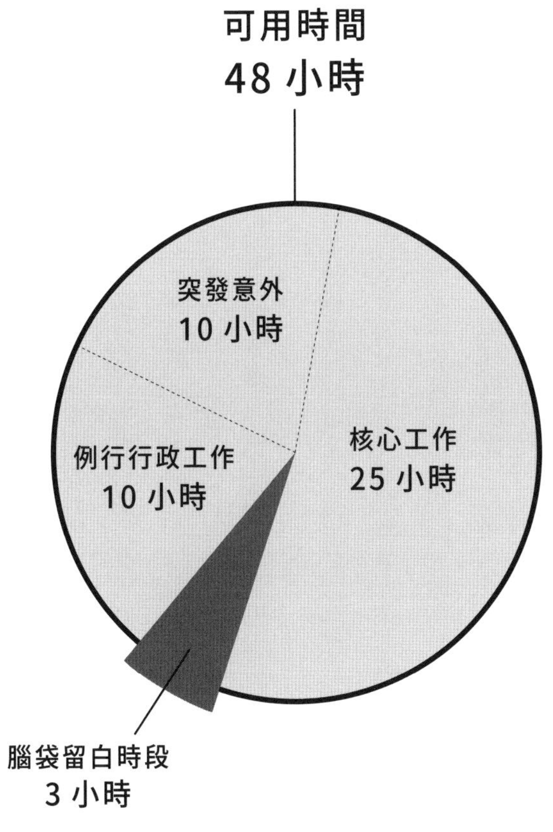

下一次當你要辦團隊異地訓練時，做一次腦袋留白時段模型練習，勾畫出工作時間分配的狀況，看看有誰成爲接下突發意外的倒楣鬼。你可以讓個別成員都做模型演練，然後畫出整個團隊的分數分布。你會看到是哪一個人花太多的時間才把工作做完，又是誰因爲自身的效率太高成爲犧牲者，被別人丟了太多工作。

你的目標是以最高的效率完成任務，以騰出腦袋留白時段。

如果你需要更多腦袋留白時段（我也認爲你需要），那麼，延長工時並非解決方案；你或許可以偶爾選擇這麼做，甚至，這麼做還會讓你感到亢奮，但這應只是例外情況。

提高生產力的重點不在於延長工作時間，而是要選擇最具影響力的任務。還有，如果組織以爲付你薪水你就要隨傳隨到，那麼，設下界限也是重點之一。

接下來第二部要談的療法，將可以幫助你克服這些問題。一百八十度的大轉變很好，但是如果你還沒有準備好要徹底翻轉人生，我建議你先挑一種療法，落實幾個星期，之後再進入下一種。

第二部

療法

03 重點都幫你整理好了

本章是一份摘要，簡要說明治療瘋狂忙碌的幾個步驟，每一種方法都可以替你挪出更多時間。針對每一種療法，都會用一章專門詳加探討，但是如果你真的沒有時間讀完整本書，以下的摘要是你需要努力的方向；如果你有時間讀完，需要做的也是這些。

首先，請記住，你要用什麼方法工作，多半都在你的掌控之中。瘋狂忙碌的人設定自己要辛苦工作、要取悅別人，我們精心打造出自己的工作方式以滿足這些需求，但這麼做並不能讓我們更成功或更快樂。

假設有兩個人和你一起合作一個專案，兩人的職稱相同，目標也相同，一個人可能花很多時間坐在電腦前面檢視細部，發送冗長的電子郵件。另一個則花比較多時間在講電話或面對面交流，他們考量專案的成果應是什麼，而不是一頭栽進細節裡面，他們也協調出讓利害關係人接受的里程碑。這兩人都非常用心，但是第二位一定會更成功，也更受人歡迎。第一位忙到瘋掉、疲憊不堪，還是一個會引來各種壓力的大磁鐵。

很多人的行事風格是介於兩者之間。雖然理智告訴我們要拿起電話直接講，要用聰明的方法做事，但我們可能早就已經學到了壞習慣。我們也已經看到，有太多企業文化與經理人都很鼓勵這種瘋狂忙碌情結。

治療這個問題的幾個步驟，都可由你掌控，因此，不用去管身邊的各種瘋狂人事物，你可以開始用更有效率的方式來做你的工作。

如果也能從組織文化層面來處理部分的瘋狂，效果會更好。第四部會爲你提供一些工具，讓你帶領其他人脫離瘋狂忙碌。無論你目前在組織天梯中爬到哪一級，你的行爲作風、成就和新發現的精力，都會觸動那些已經快要受不了的同事並擦出火花。

以下摘要出〈第二部：療法〉中各章節要討論的主題：

第四章：以你想創造的未來為起點，進行逆向工程

了解你的價值觀是什麼。你的時間分配是否反映出了你的價值？你的目標是啓發了你，還是擋了你的路？

第五章：知道主管想從你身上獲得什麼

當你知道要達成哪些期望時，應如何匯聚時間與注意力就變得明顯可見。算一下你的時薪，你的表現要達到這個價格，甚至能夠超越。你無法什麼都做，所以就別瞎忙了。把事關重大的重要任務排在前面。不會有人因爲僅聚焦在最關鍵的職責任務而被解雇。

第六章：追逐羚羊，別管田鼠

嚴格地將重要工作排到前面。要像獅子一樣，追逐羚羊，放棄像田鼠那種價值比較低、比較容易掌握的任務，如電子郵件、行政管理或無意義的會議。在行事曆中訂下時間，先做優先要務。並且用來防範拖延症。以重要的任務爲核心來安排時間，也可以有助於處理「緊急」的瑣碎低價值任務。

第七章：一次做一件事

多工模式會拖慢你的速度，你的大腦一次只能專注於一項重要任務。你自以爲自己可以一心多用，實際上只不過是從一項任務轉換到另一項而已。當你在想之前的那項工作做到哪裡時，這就是浪費時間。你的一心多用也拖慢了別人。請挑出優先要務，做完，然後再做下一項。

第八章：因為工作而亢奮

設定目標，一天要有九十分鐘到兩小時進入心流（flow）的狀態；這是一種精神非常集中的境界，可以大幅提振你的生產力。進入心流狀態工作，會釋放出強烈且讓人愉悅的化學物質，這是工作上提升心靈福祉最有成效的措施，而且免費。挪出一段你要進入心流狀態的時間，並設定提醒機制敦促你開始，不要去管你那時有沒有想要開始這麼做的心情。你的心情會跟上來的。

第九章：開會，別口沫橫飛但言不及義

塞爆的會議是最常見的劫持生產力兇手。請動手做事，不要空談那些如果你沒來開會的話應該要做的事。訂好議程並堅守下去，不要任由別人把持。針對要出席的會議做好準備，這樣你才能從開會當中獲得最大收穫。會議應該是用來做決策或是提出問題的地方。追蹤你的會議績效，看看是否眞是這樣。

第十章：少寫電子郵件，多講話

我們不管做什麼都靠手機，但就是不拿來跟人講話。寫電子郵件請符合本來的目的：分享文件、確認事項、提供摘要。請藉由說話和傾聽來培養實質關係。電子郵件會讓問題更加惡化，談話則能化解。和團隊成員達成使用電子郵件的規則，以掌控這項工具。

第十一章：避開走廊上埋伏的綁架犯與順道而來的干擾大師

畫下界限，對每一個想到就要你過去的人說「不」。「不」並非髒話。不要再犧牲你

自己的計畫打算，變成他人效率不彰的祭品。安排定期的拜訪與群組報告，事先清除各種干擾。這應該能符合你的排程，因此，就算有人來找你，你也不用一整天都放下重要工作不管。事先問清楚即將會出現的狀況以及有哪些人需要你協助，避免出現「緊急」突發意外，這樣的話，你就可以根據預設的優先順序節奏來掌控手上的工作。

第十二章：想想亞里斯多德會如何評論寵物影片

請想清楚你在最愛的應用程式上浪費了多少時間。請學習一些數位防身術。設定應用程式與社群媒體的使用時間，意志力沒用，演算法太強太難抗拒。當你想要專心時，把手機放在一邊。

第十三章：解決一張待辦清單可以給你大量快感

寫下一張待辦清單並堅持做完，可以讓腦霧散開。清單是高科技還是低科技不重要，重要的是你有一套消除拖延症的架構，也有了選項。當你把上面的工作勾掉，而且，很重要的是，你勾掉的是對的事，而不是錯的事，會讓你享受多巴胺帶來的快樂。

第十四章：不要再瞎忙，也別再試著做到完美

比誰都更任勞任怨、把每一件事都做到完美，過去可能給了你穩當的立足點，你因此獲得升遷與獎賞，也誤以爲你永遠都要達成自己所設下的，那不可能達成的高標準。隨著職務加重，你就是不可能把每一件事都做到完美，很多任務也只需要做到夠好即可。嘗試做到完美會讓你自己以及身邊的每個人都壓力如山大。有些事可能要做到完美，但大多數只要做完即可。去看看在你這一行表現傑出的人，他們很少把時間花在修整細節，比較常在打造人脈網絡。

04 以你想創造的未來為起點，進行逆向工程

- 你想從人生中得到什麼？
- 你要如何運用時間以反映前述的期望？
- 你希望留下什麼傳承？

當然，我們怎麼過日子，我們就怎麼過人生。

——安妮・迪勒（Annie Dillard），《寫作人生》（*The Writing Life*）

人每天做的事就代表了他這個人，確認未來你的時間分配確實能反映出對你而言重要的事物。

這不是什麼感性告白，不管你要用任何方式重新提振生產力，這都是很重要的部分。

我發現，一旦我的客戶釐清他們想要的是什麼，弄清楚他們應該把每一天的時間花在哪裡以及他們不應該做哪些事，一切就回到對的位置上。

你的價值觀是什麼？對你而言最重要的事物是什麼？

對工作、事業與人生決策來說，價值觀就像GPS導航系統，或者說大局觀。如果你釐清了自己的價值觀，那你的優先要務也就變得清晰。

你的價值觀應是原則，比方說正直誠實或永續，或者，如果你喜歡的話，也可以是更具體的事物：

★我一個星期通勤的日子不要超過三天。
★家庭生活是我最在意的，因此我會嘗試至少一星期和家人聚餐兩次。
★我絕對要在工作上善用我會的語言。
★雖然我的下一步應該朝向承擔更多管理責任邁進，但親自治療病患對我來說更重要。
★我還要還債，因此我必須對生活中的其他面向妥協，直到我還清債務爲止。

找出你的價值觀

你最看重的前五項價值觀是什麼？

把心裡馬上想到的景象寫下來：家人的臉孔、乾淨俐落的試算表、充滿活力的銷售業務會議、重訓健身房、心滿意足的客戶提供的回饋意見。通常，你會回想起年輕時你喜歡做的事，比方說上圖書館、在開闊的道路上馳騁單車、在實驗室裡做點這個那個或是和好友出遊。這是你的情緒大腦在替你做出好的決策。

你的時間分配是否反映出你的價值觀？針對每一項做自我評量，甚至也可以請別人來評量你。他們認爲哪些事物可以激勵你？

確認對你而言眞正重要的事物（最誠實的答案，來自於你的內心）會給你清楚的指標，指向你爲何要停下瘋狂忙碌的腳步。如果你過的生活無法和你的價值觀搭上線，那麼，就算取得了很多外在的成就，不管你做什麼，你還是覺得不太對。不管怎麼樣，你都會感到有點空虛。

你的價值觀契合你的行為嗎？

舉例來說，如果對你而言，智性上的挑戰或是創新的重要性，高於管理大型團隊，那麼，你可以改變決策，投入更多時間去做這些事：公餘時親自出手去做創意性/策略性個人專案（side project），並暫時脫離傳統的管理路線。

如果對新文化保有好奇心對你很重要，但你又苦無旅遊機會，那麼，你至少可以找時間好好了解來自不同文化傳統的同事。你能不能找到一些國際性的專案或客戶呢？如果你不寫下來當成一個目標，就什麼事都不會發生。

如果你的價值觀之一是要身體健康，但你沒有挪出時間去運動，嗯……那你知道會怎麼樣啦。或者你重視家庭，或其他事。如果你是一個宣稱自己很看重友善的經理人，但你沒有時間去培養團隊，或是開會時不和他們討論，那你就不算是一個友善的人，對吧？

縮減被浪擲的時間，不要縮減和他人相處的片刻。

不要在和別人互動相處時這裡省幾分鐘、那裡省幾分鐘。打個電話，聊一聊，問候一下對方，談一談他們在做什麼，目前狀況如何。社交聯繫是打造事業與人脈網絡的強力膠。更重要的是，多數人都會因爲和他人交流而更快樂。不管你是不是外向的人，請花點時間去認識別人。

避開耗掉大把時間的無意義活動，比方說流連社群媒體、收看垃圾電視節目、閱讀網路餽送的新聞與參加沒有重點的會議，這樣你可以省下更多時間。

幹嘛要像《愛麗絲夢遊仙境》（*Alice's Adventures in Wonderland*）裡的白兔先生一樣來去匆匆，反而把時間花在散漫、議程不緊湊的會議上？如果我們可以拿回浪費在那場會議的幾個小時，而不是少和別人聊幾分鐘假裝節省時間、結果失去多了解對方的機會，我們都會更成功。

挪出時間傾聽，而不是自顧自地說

克萊拉（Clara）是一位採購部門的主管，她收到很負面的回饋意見後請我輔導她。她進入一家藥廠任職，擔任一項新設立的職務，總共有兩個團隊合併起來歸她管。她很急著要趕快有表現，把焦點放在花時間和各種利害關係人相處，卻沒有在自己的單位之內累積能量。

克萊拉在三百六十度回饋演練中得到的結果可比火藥庫。一般人會擔心如果讓主管不高興會引來報復，在這類演練中對於自己的感受多半點到爲止。你必須要細讀字裡行間，才能了解眞實的意義。但以克萊拉的例子來說，大家都暢所欲言，因爲他們覺得反正也沒什麼好在乎的了。

有一個人說，克萊拉就是無法進行一對一的會談，總是推延，也從來不想重新安排時程，也因此，這個表現不佳的員工不知道該如何調整。另一個人說，他跟她開會時，克萊拉一直打斷他，他覺得她「想要盡快做結論，然後進入下一項討論議題，她根本心不在焉。」

克萊拉很困窘。她內心的渴望是要取悅每一個人，這表示，她無法取悅對她而言最重要的人：她自己的團隊成員。如果她的團隊成員覺得她是一位難以親近的人，她培養策略性夥伴關係與積極建立部門的名聲，也就沒有意義了。他們和她之間沒有溫馨的關係。有一位成員在回饋中用了「自利」這樣的字眼來形容她。

克萊拉發現無法和她自己的主管講上話，這也並非巧合。她假設，這就是這家公司的行事作風：讓員工放手去做，等他們碰到問題再說。她並未質疑過公司的瘋狂忙碌文化。

當克萊拉明白自己做了什麼事，她的事業也向前邁出了一大步。她跟大家一樣，都是從失敗、而非成功當中學習。她大可放棄投降，轉換到一個直屬部下少一點的職務，讓她有更多機會把自己培養成採購職務的專家。但她沒有這麼做，她希望有成長、能成爲領導者，因此把她的焦點都放在這裡。她改弦易轍調整工作方式，往後退一步，傾聽那些爲她效命的同事並理解和他們有關的一切。

改變你的心態，好把你的潛能發揮到極致。

像我這樣的教練，會大力爭取像克萊拉這種想要學習與成長的客戶。這種客戶樂於敦促自我超越現有能力，他們這一路上都在犯錯，但也從中學習。

這就是所謂的成長型心態（growth mindset）：相信人的能力並非固定不變，可以透過毅力和努力變得更好。如果有什麼事物對我們來說很重要，那我們就要堅持下去。這麼做可能會有點辛苦，但我們會繼續，前進的同時隨時改進並學習。

在史丹佛大學任教的卡蘿・杜維克（Carol Dweck）博士是一位屢屢獲獎的教授，她以這個主題寫了一本開創性的書。她說，懷抱成長型心態的孩子明白他們可以變得更聰明，智慧可以培養。抱持固著型心態（fixed mindset）的孩子相信，他們的才華是老天決定的，是固定的，失敗恰好證明了他們面臨的限制，而不是能從錯誤中學習的機會。這表示，他們一再地做出同樣的事，強化自己對於能力的感知，不會用新事物來挑戰自我。他們寧願重複做簡單的習題，不願意推進到有難度的問題。當他們認爲自己不擅長某一個科目時，就會放棄。

杜維克博士訓練孩子培養成長型心態，讓他們認爲自己有能力增進智慧。他們會更努力並花更多時間，去做以前的話早就放棄的數學難題。

這和生產力有何相關？如果你抱持的是固著型的心態，你爲了得到相同的績效評分，就會一直去做同樣的活動。這不叫有生產力，這叫忙碌。這就好像你去上飛輪課、但是一直用很輕的輪子來騎：表面上看你在鞭策自己，實際上並不然。

如果你帶著成長型的心態進入職場，你就會接下能改變局面的挑戰。抱持成長型心態的人知道自己眞正的優先要務是什麼，也不怕要與之纏鬥。他們會留時間，讓自己進入心流的境界。他們不會陷於忙碌，以致於壞了前景；那是固著型心態者的典型行爲。他們會承擔風險，嘗試去做人們懼怕的工作，迎接過去業界認爲根本無法成事的改變機會。

轉換到成長型心態，會讓你的生產力大不相同。如果不這麼做，你就只能留在安全之地，陷入繁瑣細節，或者，至多就是執行無法反映你的時薪或職稱的安全任務。

你可以在哪些方面更強力自我要求？

顯然，有時候冒險與做實驗並不明智，在企業界，好好固守你的舒適區常常能讓你達成更高的績效標準；正因如此，這才叫舒適圈！但事情不會永遠如此。組織的競爭優勢，來自於創意和創新，需要的是抱持成長型心態的人才，這些人已經準備好要做實驗、要有不同的作爲並承擔經過計算後的風險。

徵才部門一向都能看出這種心態上的重大差異。懷抱成長型心態的人接到通知時，會凝神傾聽相關資訊以了解未來要扮演的角色，他們的回應會是：「是的，我知道了，請多說一點。」抱持固著型心態的人說，他們還沒有準備好要迎接挑戰，能不能等他們培養出工作說明書中提到的所有必備技能後，一年後再回來面談？他們沒有準備好要掙扎一段時間，也不想去找一份比現在更困難的工作，因爲他們已經習慣了。他們不思考自己能做什麼，而是顧慮自己不能做什麼。他們錯失機會，因爲他們希望能安全穩定。諷刺的是，求安全穩定造成的結果通常恰恰相反。我從未看過哪一份職能需求清單上列有「不冒險」這一項。（當然，飛行員除外！）

你是否執著於錯誤的目標？

本書的重點，在於確保你的時間分配能反映出你的個人與專業目標，而且你也能據此設定優先順序。這是高階主管教練輔導的基礎。

我們這些教練上課時很多人都會用約翰・惠特默（John Whitmore）的 GOAL 架構：目標（Goal）、現狀（Reality）、選擇（Options）、意志（Will）。大致上來說，這是指：你想要什麼、你目前的狀況是什麼、你有多想要改變以及從改變當中可以得到什麼。一旦客戶找到「正確」的目標，其他的一切就自動各就各位。

但，且讓我們更深入鑽研目標設定這件事。目標不應該太嚴格；太嚴格的話，我們有可能會錯失不在規畫路線中的奇遇契機。

經濟學家柯林．坎麥爾（Colin Camerer）所做的紐約計程車司機雨天行爲研究，最適合用來說明目標如何造成反效果。下雨天時計程車的需求大增，在此同時，計程車的供給卻減少了，所有計程車司機此時都很忙，但這只是原因之一。坎麥爾和他的同事發現，問題在於下雨時計程車司機比較早就能達成營業目標，因此提早收工回家。紐約計程車司機租車時間是以十二個小時爲一班，他們給自己訂下的目標是要賺到租金的兩倍，下雨天他們比較早就能達標。他們沒有改掉目標，反而嚴格遵守每日營業標準，一旦達成就收工。

計程車司機偏好守著他們日常目標帶來的規律，而非可能賺更多的不確定性。這當然是固著型心態。

不斷質疑你的目標，並且保有彈性。

我注意到，我那些比較成功的客戶都樂於給新事物一個機會，但如果不成功他們就停止不做了。他們採行的是比較靈活、鼓勵性的取向。他們當然有目的與目標；我們談的可是眞實的商業世界。但是更能激勵他們的，是全心全意投入要做的事，竭盡全力看看能做到什麼地步，然後，如果有必要，如果能讓他們更好，也可以改變方向。

他們更能接受不確定性的結果，知道怎麼樣的感覺是找到對的方向，而且他們也會盡力而爲。感覺與價值觀更能驅動他們；這樣感覺起來是對的嗎？如果覺得不對，他們也不怕要來個一百八十度大迴轉。

就像記者奧利佛・柏克曼（Oliver Burkeman）說的，他們追求成功，要搶的是下一塊穩當的寶地，至於方向在哪裡，都沒關係。他們不會執著於確定的規畫路線圖，反而會去找下一塊穩當寶地，之後再度向前邁進，努力創造特別的事物。他們會查核自己是否往正確的結果邁進，但不會拘泥於不斷查核，小修小補。

我要講清楚的是，我的客戶都是商界人士，通常做得都是隱形的「知識性」工作。他們不會修理每一個部分都要達到絕對完美的精密設備，也不會嚴格地把焦點放在短期目標，反之，他們會去思考格局更大、更美好的事物。如果他們冒點風險就有可能把生意做得更大，那爲何只著眼於輕鬆易做的小交易？他們會抱持古希臘斯多葛學派（Stoic）的心態：最糟糕的情況是什麼？如果眞的發生了，我們能怎麼做？就算是比較糟糕的情境，我們通常也都還能應付，如果不行，我們就會說服自己放棄。

你設定的目標是否變成了自找的錯誤？

不要讓目標把你帶進死胡同。我們都喜歡得到回饋意見，有時候也會把焦點放在短期的里程碑，但這會阻礙我們從更大的格局與整體方向提出探問。

這眞的是發揮潛能與得到你想要成果的最佳方法嗎？你能不能用更快速、輕鬆的方法達成？不要讓你的人生變得比現在更艱辛。

你需要那些協助或支援？

選擇靈活、成長型的心態：把頭抬起來，看看四周。瘋狂忙碌的人總是埋頭苦幹處理細節，不花時間質疑他們要往哪裡去、又為何要去。我們已經看到，這會是一場大災難。

現在你已經知道什麼東西對你來說才重要，那就讓我們來說一說你能對他人做出的最大貢獻是什麼。

05 知道主管想從你身上獲得什麼

- 你要怎麼知道你是否把工作做好了？
- 你的主管有何打算，你又能有什麼貢獻？
- 你的主要利害關係人是哪些人？誰的影響力最大？
- 組織高層是如何爬到如今的位置？這對你透露了哪些和企業文化相關的訊息？

一旦你知道你的績效評量標準是什麼，應該會更容易訂出優先順序，生產力也會更高。要了解別人對你有何要求，應該是一個難以開口的問題，對吧？我們當然得要弄清楚期望是什麼，但是這並不見得明確清晰，因爲組織的期待會不斷改變。當我詢問聽眾知不知道自己的績效評量標準是什麼，通常都僅有約一半的人會舉手說是。這表示，百分之五十的人要準備失敗。

工作說明書入門課

我曾經擁有一家人才招募的公司，招募專員要學習的最重要一課是：能否成功將應徵者和徵才公司配對，取決於工作說明書有多精確。如果之後出現問題，錄取的人表現出現偏差，必然都是因爲工作說明書寫得不夠清楚。

新人做的不是公司想要他們做的事，因爲公司沒有明確說明工作範疇。這些公司列出的職能需求應該加上「讀心術」這一項才是。

新進員工通常會努力去做職務說明書上的每一項工作，但這是做不到的。他們的焦點應該放在最上面，也就是這份工作的使命。如果他們在這部分竭盡全力，第二頁上列出的項目有些做不到，就不那麼重要。

現實中，工作說明書很可能是人力資源部門或招募部門的人用前一版本複製貼上，早就不合時宜了。說明書裡會囊括公司可能要求你做的事，讓你無法興訟，但主要的交付項目也就在長篇累牘中隱而不見。

即便面談時已經把重點講清楚了，但等到你進公司，重點也會改變。脈絡跟人員都會不斷變化。

讓人更加迷惑的是，工作眞正的重點很可能被特意隱藏起來。一位客服高階主管的分紅可能僅來自於銷售更高價的產品，但是產品沒有什麼名氣，因此不會對員工明講希望他們大力推銷。公司也可能期待新任經理人快速推動棘手的團隊變革，但是這是很難以明講的微妙對話。

要向不同主管匯報的情況並不少見，而且他們可能還各有不同盤算。但要分清楚誰對於你的事業影響最大？

造成曖昧不明的可能性很多。你可以問一些細節問題，確認你很清楚期待是什麼。如果你覺得需要再釐清，每六個月左右就重複發問。

你可以問以下這些問題：

- 在我做的工作當中，最重要的項目是什麼？
- 我怎麼知道我有沒有做好？
- 我需要補上哪些落差，才能達到下一次的升遷標準？
- 如果你是我的話，你會如何設定優先要務？

- 我已經接下了很多額外的專案，在未來六個月裡，我應該把焦點放在何處？
- 如果我要在一年之內讓你認爲我是你聘用的最佳人才，我需要達成哪些成果？

你可以自問以下這個問題：

- 如果兩年後我再回過頭去看，發現一切都錯了，那會是因爲我少做了哪些事？

一旦你釐清了你的績效評量標準，你就知道需要把哪些事項放在優先清單上。

接下來，是要確認你選擇的是能增加最高附加價值的工作。你可以開始刪掉低價值的任務，以及無法反映出你的核心優勢或目標的突發意外。

你可以在何處增添最大的附加價值？

我很欣賞提摩西．費里斯（Timothy Ferriss）的作品，總是會送《一週工作 4 小時》（*The 4-Hour Workweek*）這本書給客戶，幫助他們深究自己能在什麼地方增添最大的附加價值，然後把時間都集中在做這件事。

如果他們沒能增添最大價值，那是把時間花在哪些地方了？閱讀本書，讓我開始重新思考我在面對事業和人生時採行的瘋狂忙碌法則。我不想成為一個瞎忙的人（他這本書正是爲這種人而寫），我也不想一路辛辛苦苦，一直到退休才能過我想要的生活。當然，我們做不到一個星期只工作四個小時，我也懷疑費里斯本人能做到。一直有人批評他，說他利用了中產階級的空虛心靈，這些人都綁在螢幕前面，但仍想尋找夢想。有夢想有什麼錯？我們都從他大膽質疑人們花費時間的方式當中學到很多。

以下就是從這本書裡擷取的兩大原則：

- 要花很長時間去做的事不一定就很重要。
- 在一件事上花很多時間也不能增添其重要性。

這兩點都明顯之至，但是所有人都會犯下這種根本性的錯誤。人都會喜歡忙碌帶給我們的安全感。

組織通常也鼓勵這種競爭性的「我比你還忙」的態度。有人請我輔導一位瘋狂忙碌的執行長，因爲她對一位已經壓力很大、快要撐不住的團隊成員說：「這裡每個人都很忙，你就撐著點。」想也知道爲何她無法得人心。（如果有人對你講這種話，那麼，請你一定要讀「別讓瘋狂忙碌霸凌你」那章。）

如果你之前的工作是按時計費制的，每一分鐘都要收錢，你很難放下這一點從完全相反的觀點來思考：「用什麼方法做好這項工作最快、最好？」或是「我們下一次要怎樣縮減時間？」你會覺得空出不能收費的時間是錯的。嗯，這種想法已經過時了。我想要的是人生，我也希望定義我這個人的不只是工作而已，謝謝。

- 你希望因爲什麼事而出名？
- 在你這個職務上，績效出色的人追求什麼目標？

我是自雇工作者，幸運的是我也很愛我的工作。提摩西．費里斯是一位富裕的科技創業家和投資人。我理解你可能沒有餘裕挑三揀四，才選了你現在的工作，因此讓你覺得很煩、很無力。等等，請聽我說下去。

身為教練，我的工作是指出盲點，讓我的客戶更能察覺到他們怎麼想、怎麼做。之後，我會鼓勵他們，讓他們相信可以對於他們能掌控的部分做點什麼。以工作負擔來說，你能掌控哪些部分？

你可以問問每個星期寫一篇報告交給你的人，要他們說一說工作哪裡最有趣，以及你可以做什麼「幫他們」把工作變得更精簡。你可以拒絕幫忙籌組客戶支援部門，因為，到頭來，沒有誰會珍惜幕後英雄，對吧？大家看重的都是前線那些迷倒客戶的人。

接下來各章中有更多實用的建議，告訴你如何藉由選擇影響力最大的任務並以更有效率的方式做完工作。

讓你能改變局面的因素是什麼？

通常，會有一項明顯的優先要務影響到你整個事業，我稱之為改變局面的因素。如果做得好，就可以讓局面大不相同，我們甚至不需要去處理其他的優先要務。這是哪一項？你目前實際上花了多少時間在做這件事？

當我問客戶他們花多少時間在眞正能改變局面的因素上時，他們通常會說：「喔，那個啊，花在這裡的時間是零，如果我運氣好一點，可能有百分之五。」

找到讓你能改變局面的因素

如果不管你接下來聚焦在哪一件事上你都能成功，你設定的目標會是什麼？

這就是讓你能改變局面的因素。

做到這件事對你來說有何意義？

要怎麼樣才能挪出時間來做？

下一章要來談我最喜歡的設定優先順序的方法。

06 追逐羚羊，別管田鼠

- 你是不是把一整天的時間都花在處理小事上？
- 做完待辦事項清單上的項目後劃掉是否會讓你覺得很興奮？
- 你是否比較擔心還沒完成的事，而不是因爲做完的事而開心？

人天生就被設定成要忙東忙西，動物世界裡的其他生物則不然。我養的狗吃完飯、散個步，然後又開開心心打個盹，牠不會爲了要找事做而在家裡四周走來走去，到處嗅來嗅去。反之，人類很愛忙碌之後大腦釋出的多巴胺，把待辦事項清單上的項目做完後勾掉，會讓人心情愉悅。我們因此瘋狂忙著小事情，把清單和日子塡得滿滿的，但這些並不會帶領我們前進。多數人都被收件匣裡的小事牽著走，這些小事最後變成了我們每天的待辦事項。

羚羊/田鼠的比喻不是我想出來的，但我好愛。獅子懶得去追逐田鼠或是身邊轉頭就看得到的小東西。獵殺這些小動物能吃進來的熱量，根本不足以彌補看到獵物、跳起來、追逐、獵殺、消化、帶著驕傲分享獵物等等行動所需耗費的精力，牠們會滅絕。牠們反而會把時間花在追逐羚羊，以求大吃一頓。在兩頓大餐之間的空檔，牠們就放輕鬆，重新尋找獵物。

你是把時間花在羚羊身上（我是指優先要務、改變賽局的因素），還是花在容易捕獲的小田鼠身上，讓你忙裡忙外、分心分神，但又增添不了太多價值？後者正是瘋狂忙碌的精髓。

人和獅子的不同之處，在於我們可以安排何時獵捕羚羊，當我們需要挪出一大段時間時，這一點尤其有用。

可以的話，請提早一星期做規畫，或者，你也可以在每天一早時自問：「我今天一定要完成的工作是什麼？」我們習慣把目標放在三件事上，但我認爲只聚焦在一件最重要的任務上就夠了，如果你能多做，那就算賺到了。要對自己仁慈一點，期望要實際。

我們可能高估了做完小事需要的時間（難以啓齒卻事關重要的對話可能只需要兩分

鐘），同樣地，也低估了從無到有創造出成果要耗費的時間。

以下是我設計用來安排與完成優先要務的流程，可以消除拖延症發作。

先找到優先要務（羚羊），然後把你要做這件事情的時間圈出來。

優先要務（priority），這是指你要知道必須先做完的是哪一件事？估計完成這項任務所需的時間。如果你之前沒做過，那你能否請做過的人幫個忙，讓你能有個合理的估值？多數人不會去算要花多少時間才能完成所有工作。還記得帕金森定律（Parkinson's Law）嗎？這條定律說：人會一直增加工作，直到填滿所有可用的時間。如果我們任由自己花太多時間瞎忙，就會把重要的事拖延到最後一刻才做。如果我們低估所需的時間，就會錯過期限，讓之後要接手的人壓力大增。追蹤花掉多少時間可以讓你拿回掌控力，做好職務上該做的工作。

嵌入目標（insert），這是指要堅持完成行事曆上的任務：養成習慣，用這種方法來分配你執行任務的時間，不要以例行工作爲主，反而把優先要務塞在空檔裡。行事曆上應該排滿的是該做的任務，而非會議！在行事曆上挪出時段，如果你需要在不被打擾的狀況下完成工作，也可以安排另一個地點。先問問看最可能要你處理突發意外（那些說「我可不可以拜託你……」）的人有沒有什麼事需要你幫忙，在你結束這個時段之後，也許可以再問一次。你可以選擇要不要告知他們有一段時間不在，以及爲什麼不在，你消失一、兩個鐘頭，天也不會塌下來。

鐵石心腸（mean），這是指要一心一意去做你的任務：堅守你的優先要務能強化你的事業，也能大大提升你的身心福祉。回絕任何希望你替他們做其他事的人。別人可能會覺得你有點無情；你先顧自己的工作、不去討好他人，會讓別人覺得你很自私（這很荒謬）。如果在這段期間內有誰急需要你，那一定都是因爲他們自己製造的混亂、以及他們預期你會拋下一切出手幫忙（這是你造成的）。你要讓他們習慣以更井井有條、規畫得宜的方式工作。你可以用比較圓滑的態度來做，比方說「我注意到你常常希望我在很短的時間內提供資料，也許我們每天早上可以很快地想一下，看看你今天會需要什麼，我也可以花多一點時間準備好材料交給你。」

設定提示（prompt），這是指你可以設定一個觸發機制以啟動 PIMP 時段：這個習慣讓一切大不同。訓練自己養成紀律，在某個明確的時間點停下手邊的工作，準時收工，然後自動轉向優先要務。提示可能是鬧鐘，也可能是某個事件之後，比方說開完會後。你總是會有點什麼事要做，你可以計畫在 PIMP 時段結束之後去做。不要因爲電子郵件或是聊天打斷，要堅守計畫。這是好的個人助理能出力的地方。如果可以的話，請遠離辦公桌，或者至少關掉各種通知、把電話收起來，然後開始動作。

找一個星期試試看這套流程，看看這對於你的產出結果有何影響，有沒有讓你覺得非常愉快。

可以的話，以一天挪出九十或一百二十分鐘的 PIMP 時段爲目標，理想的情況下應該會進入「心流境界」（第八章會再詳談這部分），這正是生產力的聖杯。

如何追逐你改變局面的關鍵因素（羚羊）

有時候，我們必須追逐的羚羊是很具體的事物。我幫過客戶處理募資申請、推銷話術、突發專案等等，這些都是各式各樣的優先要務，代表他們必須放下別的事，聚焦在單一任務上。

清出你的時程：挪出一大段時間（甚至可以長達一個星期或更久），在這段時間裡全力衝刺完成任務，不要分段去做。如果事情很重要，別放過任何一個拿出全力把事情做好的機會。不要以爲你可以在你平常工作的地方把這件事做完；通常你都會分心、被打擾。

容許自己有時間摸索：你拖著這件事不去做，因爲你不知道要怎麼做。不要迫於壓力就悶著頭去做。你應該把第一段時間分配到**摸索如何開始**。你需要哪些資源？以前有誰做過同樣的事？你可以在哪裡工作不受打擾？你希望最後得到哪些成果？諸如此類的。我們都知道，如果設定範疇階段行事太過匆忙，什麼專案都會出錯，因此，這部分的需求也要好好納入到時程裡。

為何你也需要利用 PIMP 流程來追逐田鼠

心理學家發現一種現象叫柴嘉尼效應（Zeigarnik Effect），這是指人類的心思傾向於放在還沒做完或被干擾的工作上，而不是已經完成的事情上。俄國心理學家布魯瑪・柴嘉尼（Bluma Zeigarnik）發現，服務生比較記得還沒有付過帳的帳單，而不是已經付過的帳單。套用到瘋狂忙碌狀態之上，這代表我們不會因爲捕捉到羚羊而自豪，反而會因爲還要對付那些田鼠而感到心慌。

心理學家德瑞克・卓柏（Derek Draper）在《營造空間》（*Create Space*）一書裡找到了化解這種壓力的辦法。我們不用馬上去做這些小事，我們只需要做個計畫，想好何時要做即可。利用 PIMP 流程來排定做這些小事的時間，就能讓我們覺得安心，因爲我們總是會把事情做完。這樣一來，我們現在就可以把注意力放在眼前沒那麼緊急、但是比較重要的任務上。

嚴格設定優先順序會讓你覺得恨愧疚嗎？

你知道你的評量標準是什麼，你也已經做了腦袋留白時段的演練，但是，你要做的事還這這麼多。以下的練習可以幫助你想清楚。

你的時薪多高？

算一下你的時薪，或是，如果是其他計薪制度的話，算一下公司付給你的帳款。你的工作時間分配有多符合你的薪水？

現在要做什麼？

當然，說總是比做簡單。經理人都知道自己應該多加賦權，但我常常逮到我的客戶陷入不重要活動的泥淖當中。這表示，他們沒有時間訓練與培養團隊，特別是那些還未能發揮全力的次級人才。因此，工作的分配不均，績效下滑，導致經理人更有藉口退回到細節裡。

抗拒小事的呼喊、不去做領你這種薪水不該做的事，並不容易，那些事都在我們的舒適區內，我們做起來很順手，而且我們也是因爲做好這些事才獲得升遷。但正因爲我們升上來了，所以我們不要再去做了！

以下的表格練習直指核心：

只有你做得到的是什麼事？

列出所有你現在正在做的非重要任務，仔細思考以下問題：

哪些需要透過教練指導或訓練來培養團隊成員技能，讓你可以交付更多工作給他們？

你可以把工作外包給誰、交付給誰、退回給誰？

團隊裡表現最差的人是誰？誰又沒有發揮全力？你在培養或是辭退他們這方面有何計畫？

誰已經來到舒適區的極限、可以承擔更多責任了？

你在掩護誰或替誰收拾殘局，你爲何要這麼做？經理人應該防範未然，不應掩蓋問題。你可能想要讀一讀關於關係成癮的討論，最後的參考書目中會介紹一本好書。很多人都必須處理這個議題。

你是否需要更多的支援或資源才能達成目標？你要如何提出商情研究以獲得這些東西？你何時要開始寫你的提案？

如果你花在例行行政上的時間太多，那你能不能聘用一位強勢的個人助理，由此人負責管理你的行事曆，捍衛你的界限並挑走任何領你這種薪水不應該管的事？好的個人助理絕對是值得的投資。

你一次只能追逐一頭羚羊，下一章我會說明理由。

07 一次做一件事

- 你是否曾經關掉電腦後，才發現你以爲你已經寄出的電子郵件實際上根本還沒寫完？
- 你工作時要看多少螢幕？一個、兩個，再加上你的手機、電視，還有嗎？

你無法在同一時間聚焦在一項以上的任務。任何人都做不到。然而，我們有些人已經養成習慣，用數據不斷轟炸自己的大腦，跨越各種數位管道不斷一心多用。英國通訊管理局（Ofcom）宣稱，在十八到三十四歲的人當中，有百分之二十七的人在通勤時至少從事五種線上活動，相比之下，超過三十五歲的人對應比例只有百分之九。

這個習慣代表當在上班途中可以同時間專注於兩件事以上嗎？不！而且，我不管你的性別是什麼或屬於哪一個世代，結論都一樣。

艾雅・歐飛爾（Eyal Ophir）、克利佛・納斯（Clifford Nass）和安東尼・華格納（Anthony D Wagner）所做的研究告訴我們，重度多工的人心理比較不穩定，也比較難以分辨哪些細節很重要、哪些無關緊要。

我要舉一個例子來說明什麼叫重度多工：你正在開一場視訊會議，同時還在讀電子郵件，還側耳傾聽對面的人在聊什麼，心裡想著爲何你另一位同事在會議上都不開口，擔心你在吃完中餐後要進行的那一場麻煩會談，你覺得很餓，這提醒你回家路上要繞去超市，這又讓你想起小孩沒有帶雨衣去學校，等等可能會下雨，即時通訊軟體 Slack 跳出一個訊息，另一封電子郵件又來了，你身後的電視螢幕（這是「給員工的福利」）傳來網球賽場上的歡呼聲，下面還有新聞跑馬燈。

不管你是聰明卓越、天縱英才還是腦容量像金魚一樣，都不重要，重點是你的腦子滿了。這也難怪我們會受不了。心理學家喬治・米勒（George A. Miller）告訴我們，人的短期記憶一次僅能處理約七項資訊，我們一次僅僅能專注在一項重要的認知任務上。

我們可以做很輕鬆或是我們很擅長的體能活動，同時去做另一項心智活動。一邊散步一邊思考問題就是一個範例，或者，你也可以一邊燙衣服一邊看電視。

有些人可以接受背景噪音。你完全可以在音樂放著的情況下完成像清理電子郵件這種例行工作。當你想要專心聽一集 Podcast 節目時，就沒辦法草擬一份文件。你開會時可以全神貫注，或者，你也可以讀電子郵件，但沒辦法兩件事一起做。你可以傾聽，你也可以書寫，或者，你也可以閱讀，但是沒有辦法一次全部都做。

一心多用是一種不正確的說法。

我們自以為是一心多用，實際上只不過是從一項任務轉到另一項任務。

當我們的心智從一項任務轉到另一項，之後又必須重新回到原本的主題，轉換的成本就是你耗損的時間成本。《實驗心理學》（*Journal of Experimental Psychology*）最近提出的預估值指出，人們一心多用很可能損失高達百分之四十的生產力。

以下有一些事實供參考：

- 如果你是在兩項工作之間轉換，而不是做完一項之後再做下一項，轉換法要耗費更多時間才能把事情做完。
- 當你在不同的任務之間轉換，犯下的錯誤會多過你一次做一項工作。

- 如果你採用轉換式的工作方法，任務愈複雜，你會犯的錯誤就愈多。
- 一旦你分了心，你要花更多時間才能回頭去做本來的任務，比你被打斷的時間更長。如果任務很複雜，你很可能根本也沒辦法回來做，因爲你沒有時間去趕上之前的進度。

正是因爲這樣，在PIMP流程中預留一段時間、讓你能專心致志去做優先要務（也就是我所說的羚羊），才這麼重要。你要讓自己有餘裕，一次只做一件事。這樣一來，你會做得更好、更快，也能享受完工後帶來的愉悅感，同時也比較沒有壓力。

一心多用也會拖慢別人的進度。

專案會失敗的一大主因，是人們一心多用，而不是推動優先要務達成預定的進度。

如果你有三項任務，而你是每一樣都先做一點，你會覺得很棒，因爲每一項都有一點進度，第一天結束時，這三項工作你都做了三分之一。

第二天，你又各完成了三分之一；快做完了，你快贏了。到了第三天，你全都做好了。

這很棒，但如果後面還有人在等你完成第一項工作，他們才能繼續做手邊的事，那就不妙了。他們得等到第三天才能拿到你的成果。

如果他們也跟著你的辦法，同樣也用多工模式，整個工作流程就會出現骨牌效應，拖慢整個專案。

一次做一件事就好！

08 因為工作而亢奮

・你上次完全投入去做一件事是何時？
・你有多常因爲眞的用腦思考並完成重要工作而感到高度滿足？
・爲什麼要做到每天都能如此工作是這麼困難的事？

當你利用 PIMP 處理優先要務時，應該能進入一種叫「心流」的最佳專注狀態。所有證據都告訴我們，這種能讓績效達到顚峰的狀態，是工作上能成功且快樂的祕訣。當我們非常專心，沉浸在工作中不可自拔，就會感受到最出色的自己並展現出來。

麥肯錫公司（McKinsey）做了一項長達十年的研究，結果指出高階主管自己認爲，當他們一星期能有一天持續在心流狀態下工作，生產力可以提高五倍。發表研究結果的作者史蒂芬・科特勒（Steven Kotler）點出，這表示他們在星期一結束時當天完成的工作，比其他處於穩定狀態的同仁一整個星期完成的工作還多。

只要一整天都處於心流狀態就能大幅提升效率？對我來說確實是如此，我甚至只要半天就很夠了。同一份研究的團隊成員說，如果我們可以把進入心流狀態的時間拉長百分之十五到二十，整體的職場生產力就可以近乎倍增。想一想這能造成多大差異！

而且說眞的，這有多難？一天最多專心兩小時？我們是二十一世紀的知識型工作者，但我們創造出的，卻是一個讓人很難專心的工作環境。

什麼叫心流狀態，我們又要如何做才能進入？

匈牙利的心理學家米哈里・契克森米哈伊（Mihaly Csikszentmihalyi）提出心流狀態一詞，用來描述完全沉浸或專注在一項任務上的感覺。此時的你，完全沉醉在自己手頭上所做的事，對所有讓人分心的事物充耳不聞，感受到的是全然的專注與精力充沛。某些藝術家全心投入工作的狀態讓契克森米哈伊非常著迷，他們會忘記時間、飢餓，甚至忘了自己的存在。他研究這些絕佳經驗，借用人跟著水流優游的比喻，命名為「心流」。

若要觀察心流，可以去看看運動界的頂尖人士如何全神貫注，那時那刻，對他們來說別的事完全不重要。心流可以說是一種極樂的狀態：我們將情緒投入執行任務當中，全心全意地沉浸在思考與學習裡面。

成功掌握心流狀態的人說他們因此有了極大的突破，包括賺到更多錢、工作時間更短、而且感受到自己朝著人生的目標邁進。無緣窺見心流的人，很可能只把工作當成必要之惡。

生命學校（School of Life）創辦人之一的羅曼・柯茲納里奇（Roman Krznaric）說，工作要能帶來眞正的充實滿足感，心流是三大重要因素之一，另外兩個是自由（你要能自由掌控你的時間和勞力）以及意義（你要在所做的事情當中找到價値）。

我們如何才能進入這樣的愉悅狀態？你應如何替員工設定環境條件，讓他們能透過心流來享受工作並展現最極致的表現？

心流真美好！

眞的超棒！心流狀態中那種極度的專心，可以釋放出讓人歡愉的化學物質：多巴胺、血清素、腦內啡、催產素、正腎上腺素和大麻鹼。你可以從**工作**上一次得到這全部的合法興奮劑！

如果你可以把團隊成員和這種由於深深投入工作而帶來的強烈愉悅感緊緊牽在一起，就能成爲出色的主管。

你不用發送實體的迷幻藥，只要營造適當的環境條件，讓成員的腦袋進入適當的狀態，把工作做到最好。他們會因此更快樂，而且也會更有生產力、更成功，工時還能縮短。

進入並停留在心流狀態中的小祕訣

- 最重要的是，如果你不計畫，心流是不會出現的。請把你的座右銘換成以下這一句：如果不排定時程，就無法完成工作。遵循 PIMP 流程，進入心流境界。

‧把環境調整到對的狀態：若有必要，轉換地點。我所認識眞的能進入心流狀態的人，很少是在辦公桌前實現這種體驗，就算戴著耳機阻絕噪音都很難。即便在遠端工作，你可能會發現，在應付各種例行任務的地方，更難專注於有意義的工作上。我多半在咖啡店進入心流狀態，就算很吵也可以。我會順應想要寫點東西的打算，然後一直寫下去。在辦公室的話，你必須要有可以去的安靜場所。

‧消除可能讓人分心的事物與干擾：在行事曆上空出一段時間，關閉你的聊天軟體、社群媒體、電子郵件和所有管道。告知他人你要花幾個小時專心去做某一件事，在 PIMP 時段之前撥出一段時間，確定他們需要你幫忙的部分都沒問題了，並告訴他們你何時會再有空。如果眞的有什麼事很重要或很緊急，他們也會來找你。

‧常識告訴我們，以一個星期來看，某些時候會比其他時候更適合規畫成心流時段。比方說，星期一早上十點時你就不太可能在不受干擾下離開一段時間，但星期五下午就很理想。先從一星期一次開始，在一天當中設定最多兩小時，變成你日常行事曆中的一部分，要是團隊中每個人的例行時程都這麼設定更好。

- 不要期待心流會直接出現。研究顯示，你要花五到二十分鐘才能進入心流狀態。提高你的耐受度，承受一開始出現的挫折感。使用 PIMP 安排一段時間，然後就……動手去做！
- 也要排除所有造成阻礙的無用情緒。要進入心流，涉及到你要務實地理解自己的技能組合。你很可能會因爲一些想法而模糊了自己的認知，比方說你會認爲「我做不到，這根本沒用，別人可以做得更好，這麼做到底要幹嘛」等等。你的想法當然有可能是對的，但是這種自我設限的假設會阻礙你盡全力去嘗試，當你需要協助時，也無法勇於開口求援。
- 要知道你的任務做到哪裡了。契克森米哈伊說，若要維持聚焦與投入，你要不斷地意識到接下來要做什麼。擬一套計畫，做到的項目就勾掉。
- 稍事休息，確定你沒有做過頭。訓練自己，當你再度開始工作之後，能快速回歸心流狀態，斷開其他可能會打斷你專心工作的任務。我沒辦法工作超過九十分鐘都不休息，但是如果我正在衝刺，不用花很多時間就能重新開始。

- 最後，如果我的孩子在極不可能的情況下讀到這本書，我要聲明的是沉迷在社群媒體裡不叫心流，因爲這裡面沒有任何挑戰，而且你也沒學到什麼。非常專注於打電動遊戲也不是心流，這是一種超專注，是一種會讓你緊張的激進狀態，而不是快樂的心流。花太多時間在這些領域裡，會讓你更難轉換到達成超高效所必要的最佳專注狀態。

在工作中感到狂喜：團隊心流經驗

極強烈的心流狀態，就叫 ecstasis（意爲入迷）。這是古代希臘人的用詞，意指「當你抽離平凡的自己、覺得和超乎自身的事物相連結的時刻」。這是一種脫離平常自覺的狀態。在古典世界與基督教世界裡，狂喜（ecstasy，源自於 ecstasis 的字根）通常是一種和上帝或是性靈有了連結之後的入神狀態。哲學家朱爾斯・伊凡斯（Jules Evans）寫過關於這種深刻經驗的影響，他告訴我們柏拉圖（Plato）如何確定藝術家異常容易進入狂喜狀態或聖靈狂熱。基本上，他們是在性靈裡過生活，創作出了偉大的作品，卻完全不自知。（請參見朱爾斯・伊凡斯的著作《失控的藝術：一位哲學家對狂喜經驗的追尋》〔*The Art of Losing Control: A Philosopher's Search for Ecstatic Experience*〕）。

如今，科學家、矽谷的高階主管、美國海軍海豹部隊（Navy SEAL）和陸軍特種部隊綠扁帽（Green Beret）的特別行動人員，都洞悉個人與團隊要如何善用深奧的心流狀態，藉此提振績效。他們的目標，是要藉由更深入的集體思考帶來競爭優勢，在相關情境下，例如需要立即回應或必須想出極具創意的解決方案時得到助益。讓每一個人的大腦同步，有如蜂群思維，可以轉換覺察，更快獲得更好的想法。

每一個人都能進入這種狀態嗎？

我想，大力推銷一群人一起感受這種神祕體驗，對你所屬的企業組織來說可能太過跳躍，太難以接受，但你還是可以嘗試推動一些團體性的心流課程，藉此拉抬生產力並提高身心福祉。以前的作法，就是叫大家「好好工作」或是「要專心」，所以說，這也不應該是多戲劇性的提案。

你能否讓每一個人在同一時間一起進入深層的心流狀態工作，而且不要打擾彼此？我要先把話說清楚，這可不是花九十分鐘或一百二十分鐘去做行政工作，而是要找一個地方啓動極需深度專心的挑戰性工作（羚羊、優先要務，你懂我的意思）。可能會有人反彈，因爲大家還不習慣去做，他們甚至會覺得不好意思這麼做。讓大家一起用腦，是多麼棒的一件事，他們很可能學生時期考完畢業考之後就沒有這種感覺了。

你必須在開始前十分鐘左右提醒大家：「在我們開始之前，請各位確認是否都已經備齊全部需要的資源了？我們不要打擾彼此。」你可能要請一位團隊成員接電話或是處理團隊公用電子郵件。你可能也必須強調，說明你的行事曆上這段時間不能排別的事，各種溝通管道也找不到你。你一定要把所有手機關機。

理想情況下，你每天在一個固定的（PIMP）時段做這件事，最多兩小時。如果每天都做太緊迫，你也可以從星期五下午開始試試看，如何？

我會在中午剛過不久時就去做，那時候你人不算太累，但也沒有這麼敏銳，你的大腦不想像平常一樣，在不同的管道之間切換來切換去。我發現，我有點累的時候比較有創意，那時我的大腦也比較不會篩選掉我那些不合邏輯的點子。

當然，大家一起做的好處，是你可以就在辦公桌前去做需要非常專心的工作；此外，也因爲大家眞的在一起動腦，就算完全沒有想出任何好點子，和群體在一起也會感受到一股滿足感。

多數人很難找到進入心流境界的時段，直到他們推掉要去開會的承諾、在行事曆上挪出空檔爲止。

09 開會，別口沫橫飛但言不及義

- 你是否有追蹤會議的成效？
- 你去開的會是否有明確的目標？
- 會議中，誰的聲音被忽視？因爲什麼理由？

運作順暢的會議和一對一會談是很重要的接觸點，讓你在團隊中培養信任並完成工作。運作不順暢的會議，則非常耗費資源。對我來說，企業組織無法理解到這一點，眞是令人費解。

訓練員工有效開會，將會是你做過的最佳投資之一。這是一種文化上的變革，證明你尊重自己與他人的時間。

會議的真實成本

以下有一個極典型的例子。一個團隊裡有十位全職員工，每個人一星期都要開四場內部會議，他們都會在行事曆裡為每一場會議預留一小時，因為 Outlook 早就自動設定好了。他們通常至少會拖五分鐘才開始，因為總是有人剛開完另一場會要衝進來。會議通常固定超時二十分鐘，緊接著下一場專案進度會議又開始了（其實，用短短兩分鐘的影片就可以取代這場會了）。

他們會後所做的事，又浪費更多時間。英國通訊管理局指出，我們每十二分鐘就會查一次手機。誰開完會後不會檢查有沒有新的訊息？我們會去倒杯咖啡，聊一下，檢視收件匣，看一看即時通訊軟體，順便瀏覽一下網路新聞。

根據一般人的自行估計，說他們約需二十五分鐘才能回到工作上（你自己衡量看看實際的情況如何）。

以前述的團隊來說，那就是每個人每星期浪費超過兩百分鐘，整個團隊一星期浪費超過三十三個小時。

這相當於其中有一位成員只有星期一來上班，接下來這幾天都休假不來。就因為開會沒有效率，從星期二到星期五實際上的人力只剩九個人，而不是十個人。

沒有議程的意識流

常有相對資淺的人請我們去開會，我們認爲拒絕出席很不禮貌，因此就去開了一場沒有議程的會議。由於我們沒有時間也沒有資訊可以做準備，根本也完全摸不著頭緒。如果一個人說得出但做不到，很難有什麼成果。我們會跳脫主題，更常常大放厥詞，半瓶水響叮噹。眞正的決策，會在事後的會議檢討會中才拍板，過程中通常還會傷到某些人的自尊。

要學會如何主持會議並教導其他人好好開會：要管理讓人分心的事物，要設定脈絡，要堅守議程，要宣示目標，要鼓勵合作，還要控管難應付的對象並鼓勵最貼近問題的人表達意見，這些人提出的解決方案通常最好，但是他們都會擔心害怕，以致於不敢表達看法。

從現在開始要訂下開會標準規則

參與實體或視訊會議的人超過三位嗎？如果會議沒有議程，就不要去開，不然，你還得去開另一場會來補充議題的相關資訊。如果你受邀出席一場沒有議程的會，請說：「抱歉，我沒有時間，但請在會後用電子郵件把相關的行動重點寄給我。」說明你需要備齊所有必要的資訊，才能做出決定；會議的目的也正是這個：做決定。如果所有資訊都是僅供參考的材料，那就用不同的方式分享，比方說短片可能更有效果。

不訂議程，就不要開會。

「3P」議程是我最喜歡的議程架構，我聽過很多人講過不同的版本，以下是我的版本：

目的（purpose）：我們爲何要開這場會？如果你提出這個問題，就比較有可能得到想要的答案。「要討論卻斯罕（Chesham）辦事處提案的預算和預計的利潤率。」

流程（process）：宣告你希望參與會議的每個人要做出哪些貢獻以達成目標。這表示，沒有被點名要有貢獻的人不需要做什麼，只要參與決策即可。這也表示，不會發生你被問到問題、卻沒做任何準備的可怕意外。同樣的，如果你在會議中被點名，但你沒有針對自己應該要有的貢獻預作準備，那麼，你的表現不佳就會變成全場焦點。

收穫（pay-off）：具體來說，就是你開完會時想要得到什麼。「在聽完所有人做出的貢獻之後，我們會決定要不要繼續經營郤斯罕辦事處，並針對目標流程和時間表達成協議。」

目的
(PURPOSE)

流程
(PROCESS)

收穫
(PAYOFF)

如果要用一套架構來規範顯然太過跳躍，那麼，請先嘗試提問，把大家拉回主要的討論議題或是切入對話。

我擔任教練時有一條「只能講一件事」的規則，你也可以用在會議上。綜觀一切，我們應該應對的問題／決策／議題是什麼？

- 在目前的情況下，什麼是我們現在就要因應的重點？
- 我們面對最爲重大的挑戰是什麼？
- 現在眞正的問題是什麼？

更多的會議攻略

我的客戶還會使用以下的方法來縮短開會時間：

★你能否將原本預設的六十分鐘開會時間變更爲四十五分鐘？我有一位客戶必須以每小時爲間隔來預訂會議室，但是每一場會都在整點過十五分時才開始，讓每個人都有機會準時入座。

★請負責管理場地者在四十五分鐘後就關燈。

★如果你接手主持一場出席人數顯然過多的會議，當你加入時，或許可以在一開始時在會議室裡走動一下，問問看與會者爲何來開這場會。如果他們沒有理由要來、或者不知道自己可以有什麼貢獻，那就放他們走，這些人將永遠感激你。

★爲什麼要找這麼多人來開會？參與者超過七人之後，反而有礙決策。每個團隊推派一名代表就夠了。

★放下錯失會議恐懼症（meeting FOMO），不要因爲有什麼會沒叫你去開而恐慌。讓組織文化完全可以接受拒絕開會這件事。除非你很清楚爲什麼要去、以及你想從中得到什麼收穫，不然不要進會議室。有人告訴我，主管叫他們要去開會，但等到他們去了，卻發現根本是在浪費時間。面對這種情形你只要回應：「我問過了，但是這場會議不符合我的優先要務。」爲何要在這種事上浪費大把時間？

★準時開會。如果你預期與會者要事先讀過書面資料，就絕對、絕對、絕對不要在會議上重述。有一個選項，是在每一場會議一開始時安排一段時間，讓大家在討論之前先看一下資訊，事先告訴他們要做哪些決策，讓大家可以充分準備。

★如果是別人主持的會議、而與會者已經離題了，想要把大家拉回正題的話，你可以問：「我們現在要達成的目的是什麼？」或者是「我們能不能退回去一下，再看一下議案？」

★要精挑細選食物和便利設施。你是在設定背景脈絡以利做出專業決策，而不是為了拍照上傳到社群媒體。我知道某些董事會和美食與熱量之間大有關係。如果你請來的是客戶，有些娛樂設施沒問題，但如果是內部會議，你的目標應該是盡快讓與會者離開，根據時程回去做能讓他們感到滿足的工作。這會比巧克力餅乾更讓他們覺得幸福。

★如果有資深人士把持了會議時間，要客氣地請他們閉嘴。「史丹，這些意見很好，等我們下一次有時間好好做時，會再放進議程裡。」如果可以，會後和他們另外討論。如果他們眞的很想分享自己的知識，那問問看他們能不能擔任輔導者的角色，或替你的團隊上一堂訓練課程。

★把最重要的項目放在議程最前面，才有充分的時間處理。避免講「還有沒有別的事」這句話，當你應該結束時，這句話很可能變成契機，促使某人提出新議題。

★不要叫一個人記錄所有大家同意要做的事、並在最後讀出來，你可以在會議室內走動，請大家說出來他們同意做哪些事。把話大聲說出口，可以幫助他們把該做的事當成自己的事。

★我已經詳細寫過讓人分心的事物如何導致我們的認知能力下降。也已經設定了開會不用手機和不用電腦的規矩，但做紀錄除外。

★如果你使用 PowerPoint，請限制頁數，而且每一頁都只能有幾項重點。我們太常看到文件資料壓垮人。訓練團隊成員簡潔陳述希望別人了解的重點。一個要點夠嗎？訓練他們做簡報；這是很重要的職場技能，但是人們通常認爲自然而然就會，即席發揮即可。

重新命名

你也可以換另一種更有吸引力的說法來給會議命名。雪兒（Sheryl）是一位業務總監，她訂下「星期四迎頭趕上」（Thursday catch-up）的時段，讓大家有機會討論他們要怎麼樣做，才能在僅剩的二十四小時內達成每週目標。對於這場會，團隊許多成員反饋他們害怕極了，如果當周數字不理想時更是如此。他們不僅認爲這種會議毫無意義（他們很清楚自己在哪裡出了錯），更讓人對自己感到氣餒，根本不覺得有能力扭轉局面。

解決方法顯然是別開這種會了，但明顯可見的方案通常是錯的。雪兒把會議名稱改成「逃出監獄」。這個名稱凸顯了會議的焦點（以及成員的職務應該達成的目的），但以比較輕鬆的「我們都在同一條船上」方式表達。她也把會議時間訂爲四十五分鐘，不像以前總是超過一小時。更多人願意出席會議（他們不再找藉口逃避開會），也提振了活力、團隊合作和士氣，當然銷售額也是。

做決定

開會的目的應該是做決定，而不是分享資訊。要追蹤會議的實質成效。你有沒有做出決定並且落實下去？

如果你要對決策負責，一旦你收集到所有必要的資訊，很可能在會議結束時要做出艱難、甚至不討喜的決定。

一開始先在會議室裡進行幾輪討論，確定你聽到了每一個人的意見。可以的話，把目標設定爲要達成共識。如果無法辦到，那你就自己做決定，然後繼續。有時候，做錯決定也好過不做決定。例如，你可以說：

感謝各位，我現在已經聽到大家的聲音，也很重視各位對這件事的看法。以我聽到的意見來說，卻斯罕辦事處並沒有達成我們的基準指標，並不值得投資這麼多金額，因此我要撤回計畫。我下個月要想想看如何把某些人的意見納入總部辦公室的措施裡，也會編製議程以便在下一次的會議上反映這些看法。

你可能要設定開會禮儀，包括規定不接手機、要看著發言的人、每個人輪流在不被打斷的條件下發言五分鐘（或適當時間）、準時開始與結束、一定要使用「3P」模式、如果達成協議就一定要做完所有的事。

虛擬會議：表現出色的人如何在虛擬會議上發揮影響力

就算在最好的條件下，要影響他人都是很難的事，當你並未和他人共處一室時，那更不用說了。以下針對如何在虛擬會議上做出決策提供建議：

一、你不能再採用即席發揮的模式：虛擬會議更不容犯錯，胡扯閒聊沒有用，因此你要更清楚傳達訊息。多花點時間準備。寫下你的重點，尤其是你的開場白，而且要練習大聲講出來。用手機紀錄，持續練習，直到你的語氣聽起來很有說服力、權威感。在行事曆上的每一場會議之前都預留半小時，讓你有餘裕做好這件事。說眞的，你這麼做過嗎？

二、限制你要出席的會議數目：請參考上一點。給你自己充裕的時間把事情做好，代表你必須回絕比較不重要的會議，你才能針對重要的會議做好充分的準備。

三、給予正面的信號：發送非口語的信號給會議上發言的人，展現你的支持。我上很多虛擬課程，我很清楚當人們微笑頷首時，會讓人非常安心。你可以快速瀏覽一下你用手機自拍的影片，看看你自己盯著螢幕時是什麼樣子，然後看看你微笑並展現更生動表情時又變得多麼友善；肢體語言還是很重要的。

四、認眞看待自己：如果你要成爲專家，別人就會期待你的邏輯清晰並能提供明確的建議。你可以說：「根據我們現在得到的所有資訊，我的建議是……」聲音可以比平常大一點。

五、出現在鏡頭前：準時登入，讓人看來精明俐落。如果你不開啟鏡頭，不要期待你能展現任何影響力。眼見才能爲憑。如果你喜歡的話，也可以使用預載的背景（如果你在家工作，希望自己的空間保有隱私）。

六、像專業人士一樣使用科技：看鏡頭，不要看螢幕，亦即，看著螢幕上方的燈光，不要盯著螢幕本身。如果你對著鏡頭講話，看起來就好像你直視對方的眼睛一樣。把你自己整理好。把電腦放在適當的位置，你的臉要與螢幕齊平。在筆記型電腦下墊一、兩本書就很好用了。燈光要在螢幕前方，而非後方，自然光最好。如果你的窗戶開在錯誤的位置，請買一座環形燈，那不貴。

開會是最多人提到害他們無法完成工作的理由，接下來我們要轉去處理另一個問題：電子郵件。

10 少寫電子郵件，多講話

- 電子郵件是否扼殺了你的生活？
- 你的收件匣是否變成你的待辦事項清單？
- 你有沒有用手機打過電話給別人？

我們使用電子郵件的方式扼殺了生產力。電子郵件變成一種侵入性的干擾，把我們綁在螢幕前面，就像是職場版的日本虎杖（Japanese Knotweed；譯註：這種植物很會蔓延，侵入性高且速度快，非常霸道）。麥肯錫公司的研究人員說，我們要花掉約百分之二十八的時間主動管理電子郵件，這已經超過每天四分之一的時間了。

對多數人而言，處理電子郵件不算是工作。電子郵件本來應該是一種幫助我們完成工作的工具，但現在卻頻頻造成干擾，並拖慢我們的速度。

為何我們天生就會馬上去回應訊息？

猴子演化而來的人類大腦，一出現通知訊息，直覺上就會回應，這種反應有一部分起因於一種名爲緊急效應（Urgency Effect）的腦部現象。我們的心智會把即刻的滿足（清空電子郵件）排在前面，勝過長期的獎賞（抓到屬於我們的羚羊）。

我們比較喜歡去做有期限的急迫性小任務，而不是沒有立即時限的重要工作。即時且確定的回報，會給大腦獎賞。甚至，就算沒有期限，我們也會去做能比較快速完成的工作，因爲大腦會愚弄我們，告訴我們自己做完了一件事。

正因如此，當我們不知道如何下手進行挑戰性的任務、遭遇不同於平常的問題或是需要更多腦力時，最後就會自動跑去檢查收件匣。這是短期內最輕鬆的選擇，但這麼做只是自欺欺人。

試著忽略要有所回應的壓力

我們永遠都處於「上線」狀態。一看到電子郵件，即便多數訊息都可以之後再處理，但我們就是會感受到要隨即回覆的壓力。在家工作時這股壓力會更強烈。我們馬上回電子郵件，以證明自己眞的有在工作，但是其實那時候我們應該離線，重新自我充電或是去做一些有影響力的事。

我們不應該藉著隨傳隨到來證明我們眞的在想工作的事。

如何打破這種習慣

有些人會用以下其中一種方法來處理電子郵件：

1 努力清空收件匣，強迫似地將電子郵件分類到不同的資料夾，並以顏色作爲標示系統。

2 會放棄清除郵件，宣稱就算他們的收件匣裡已經有超過三千封郵件，但是他們仍能用關鍵字找到自己所需。

你可以採用折衷策略：

少去檢查電子郵件：不要每三十分鐘就查一次、同時還緊盯著郵件通知，你可以關掉通知，並拉長檢查電子郵件的間隔。聚焦在你的實質工作上，安排一天之內檢查電子郵件的時間，不要一直去想收件匣裡有什麼。如果你變成每小時才看一次，一天就比每三十分鐘看一次少了八次。如果查一次電子郵件需要十五分鐘，你就替自己省下兩小時……不用謝我。

讀信時盡快處理：讀信、刪除，或是放入資料匣裡等一下處理。

改打電話：如今，我們用手機完成一切工作，獨獨不用來打電話。當你的電子郵件交談串裡有兩個訊息以上，請改打電話。請先致電對方，讓他們可以放心打電話給你，你要靠這樣培養出信任。此時此刻更是如此，有很多人覺得很疏離，比以前更願意接到來電。

訂出電子郵件禮儀協議，從源頭阻斷問題：把內部電子郵件使用規則列在下次團隊會議議程的上方。我保證，每個人都和你一樣對電子郵件有相同的感覺，很樂於進行討論：

- 清楚說明你多久查一次電子郵件，如果他們在這當中要找你，你希望他們用什麼方式聯絡你。

- 針對非緊急訊息的合理回應時間達成協議。
- 決定電子郵件應該發送副本給哪些人；顯然愈少愈好。
- 同意由大家輪流管理團隊信箱，這樣就不用重複做同樣的事。
- 制定政策以管理工作時間以外／不同時區的電子郵件，要尊重你個人的界限。
- 停止來來回回的感謝／致意電子郵件。
- 提供訓練，教導大家寫出簡潔有力的電子郵件。
- 在主旨欄清楚說明有需要誰做什麼事、或是單純提供資訊而已。
- 請大家不要再隨意發送電子郵件。如果他們的說法是以免自己忘記，那麼建議他們改用 Notes 功能。
- 要求那些在晚上才發信的人改爲放進草稿內或是寄給自己，他們可以在隔天重複確認語氣和內容都適當之後再轉給你。這麼做只要花幾分鐘，但是可以避免引發可能的冒犯或誤解。早上送出去的電子郵件，總是和前晚黃湯下肚後擬好的草稿不一樣。
- 對於針對相同主題想到就發送兩、三封訊息的人，打電話和他們談談。因爲這些人不願意花時間編輯成同一封比較審慎的郵件，也不願意嘗試更好的作法：打電話給你。

• 對團隊裡的新人說明你的電子郵件基本規則，他們會樂見你尊重他們的時間。

現在你已經處理好電子郵件的問題了，下一個療程是要阻止別人的干擾。

11 避開走廊上埋伏的綁架犯與順道而來的干擾大師

- 是否常常有人跑過來打擾你，說：「我可不可以拜託你……？」
- 你被打擾後要花多久時間才能回到正軌？
- 你能否婉拒並讓對方知道什麼時候可以打擾你、什麼時候不可以？

那名女子會說十八種語言，卻無法用任何一種說「不」。

——美國詩人朵樂西・帕克（Dorothy Parker）

以下的場景對你來說是否很熟悉？你終於快把一些重要的事做完了。你一直遵循PIMP流程：你安排時程，你開始動手，你完全沉浸在工作中。你關掉了各種通知，你也關掉了手機。一切如此美好。

到目前爲止，都很好。

然後你的一名同事過來了，完全不管你正處於美好的心流狀態：「喂，你有空嗎？我想跟你說一件事。」

有些打擾是你樂見的；你可以因此及早抓出錯誤，不用之後再重新做一遍。其中的機巧是，要確認干擾的出現有遵循你訂的規矩，匯集到你可以被干擾的時段。這些占用時間的土匪、隨意在走廊攔人的綁架犯、隨意跑過來害人分心的麻煩人，隨便你怎麼稱呼，反正都要有適當的戰術去管理他們。

且讓我們來看一些數據，看看爲何頻頻被人打擾會變成一個問題。作家彼得·布雷格曼（Peter Bregman）引用一份微軟（Microsoft Corporation）以干擾爲題所做的研究，他們錄下人們工作時的狀況，達二十九個小時，發現平均而言，他們每小時會被打斷四次（與很多跟我談過這個問題的人相比之下，這個數值看來很低）。

這裡有一項重點：有百分之四十的比例，人們無法回到他們被人打擾之前所做的工作上。

讓問題更嚴重的是，任務愈複雜，做的人愈是回不去。

他們回不到深度的工作，進不了心流的狀態，就會選擇去做比較簡單、價值比較低的田鼠式工作。

就算我們能夠回到心流狀態，很快又會受到打擾再度跳出來。加州大學（University of California）的研究人員葛羅莉亞・馬克（Gloria Mark）發現，人們開始工作之後，最長十二分十八秒就會被打斷。他們通常要先做另外兩件事，才能重新回到本來的工作上。最常見的干擾當然是發送電子郵件，這還會打擾到別人，對方之後會回覆，你又收到更多郵件，一來一往就這樣繼續下去。

馬克發現，人已經學會快速應付這些事，可以在正確的時間去完成打擾自己的的工作，而且無損品質，也能維持生產力，太棒了。但是用來交換快速完成的代價就沒這麼棒了。持續不斷的時間壓力，造成了更嚴重的挫敗和緊繃，這正是帶有腐蝕效果的瘋狂忙碌典型。

如何管理打擾你的人

你可以躲在家裡或躲進會議室，但是如果你和別人共處一室（亦即，別人可以看到你），要讓他們感覺到何時不適合打擾你。

事前主動掌握情況是比較好的作法，先講好別人何時可以找你。立下一些界限，圈出一些你可以受到打擾的時段，保護你不想被打斷的時段。

整理出一段可以打擾你的時段

我的客戶阿維（Avi）是一家小型顧問公司的總監，他的優先要務是替公司帶來新業務、管理團隊以及適時適地指導其他同仁。

新業務遲遲不可得，因爲他一整個星期都把心力花在救急、應付現有客戶以及親手帶領團隊。他樂於被需要，別人如果少了他就無法做決定，很能撫慰他的自尊。要找他很難，因爲他總是來去匆匆，應付一個又一個需求。他也阻礙了其他人在專案上的進度，因爲他們都需要和他談談。

他的績效表現評量指標，是新業務的營收。他抱怨他沒辦法好好經營，因爲團隊成員總是一再打擾他，他沒時間做好自己的事。他很氣餒，他的團隊也很氣餒，他公司的執行長更氣餒。

阿維後來做了兩件事：

1 **規定每日「手術時間」**：要找他的人可以在每天下午四點之後過來，這樣一來，大家就知道那時候有問題的話可以找他談，他會有時間聽。他強迫自己關掉螢幕，把椅子轉過來，換上笑容，並且專心關注眼前的人。對他來說，要叫他每天都出現辦公室並讓員工找得到，並不是這麼容易的事，但是他竭盡全力落實，很少有例外，而且，最重要的是，他堅守新的常規。如果一開始幾天很努力、後來又退回舊習，一點好處都沒有，這樣會毀了信任。

2 **固定查問**：阿維也訂下時間很短但頻率很高的一對一時段，詢問團隊最新狀況，通常是在兩次比較正式的會議之間站著聊個二十分鐘。他很清楚每個人在做什麼，也知道大家都在正軌上。他們可以找到時間和他聊，他也可以在情況惡化之前先看出潛在的問題。

成果明顯且立即可見。他愈是和團隊排定時間，就可以愈不管他們。整體來說，他們也學會讓他獨處，因爲他們很清楚什麼時候可以去找他。其他時候，他就可以去做他的優先要務，達成自己的目標。

適當得宜的溝通，讓他成爲更好的經理人。在他的指引與鼓勵之下，團隊學著自己去思考、強化自身的技能並減少對主管的依賴。長期下來，他還能再縮短一對一查核的期間，因爲成員也沒這麼需要了。他們樂見阿維給他們完全的注意力，他的領導評鑑分數也跟著提高。

在你有空時撥出大量時間去處理，就能防止多數你不樂見的打擾。對於要扮演夥伴角色的單位，比方說人力資源部門與公司內部的律師團隊，我力促他們採用這套方法。常常會有人需要找這些人，因此他們沒什麼時間去做自己的工作。他們可以做一點安排，列出一週內有空且樂於提供協助的時段，並公告周知：「每天請在十一點之後過來找我們洽公，我們必會撥出時間協助你。」他們預期這樣的宣告會引起摩擦，但在現實中，一般人會認爲這是正面的消息，因爲他們會提供協助。偶爾會有資深員工想要繞過系統，但多數人都會遵守。

挑選你要討好的對象

你的時間有限，不能什麼事都答應。你或許想討好每一個人，但你做不到。如果你是負責管理的人，團隊成員必須相信你能控制他們要做哪些事，不能什麼都照單全收。

很重要的是，你要能找出哪些活動能帶動實質價值，對於非屬此類的工作說不。這表示，你要決定，是要去處理三不五時就會出現的突發意外，還是去做你爭取而來、利用腦袋留白時段發展更具實質價值的專案？

以下是你在權衡要不要多做某些工作時，可以考量的價值面向：

- 這屬於你的工作範疇嗎？公司付你薪水是要你做什麼？
- 以你的職務來說，一個高績效的人會去做這件事嗎？
- 這能帶動你的事業發展、增進你這個人的品牌價值與聲譽嗎？
- 這項工作是否有意思、能帶來樂趣、有挑戰性、有差異性、可獲利？
- 這項工作是否能讓你接觸到新的人際網絡、利害關係人或學到新技能？
- 做這項工作能否讓你盡情發揮技能或是創造出更寶貴的貢獻？（當你在從事慈善／志願工作時，就要思考這一點：你應該要幫忙建造庇護所：還是，你應該協助募款專案、以便發揮更大的影響力？）

拒絕要求，而不是人

以下提供一些建議，讓你知道如何在拒絕任務的同時，還能維持正面的人際關係。也要教你的同仁這些戰術。

堅定宣告你的立場，如果可能的話，指出其他選擇：

- **如果有人想要把你根本無意去做的工作推給你，請堅定地說「不」**：我眞的想幫忙，但就是無能爲力。**你或許會想提供替代的人選／團隊／解決方案，但不要針對你爲何不做提出太多解釋。**
- **如果是你不想得罪的重要客戶／利害關係人找你做額外的工作、但你認爲並無法增添價值**：我們能不能先回到之前那裡來談？在我原來的計畫範圍和已經排定的工作之內，我們從這裡開始來想，如何能得到你想要的成果？
- **如果有多位主管分配工作給你，請先推回去，請他們彼此溝通協調，得出解**

決辦法：我也很想替你做這件事，但我已經答應要先幫安妮跟供應商談一下。你能不能和她先商量，看看哪一件事先辦，然後告訴我？

- **如果是合理的要求，但你沒辦法馬上做，如果你拒絕的話，他們很可能要自己做**：你最遲什麼時候要？當你需要別人幫你做點事時，請改用相反的問法：你最早何時可以開始做？
- **你應該要和對方合作，但是他們要你做的事並非你自己的優先要務**：我們能不能先退回去一點，我知道你們想要達成的結果是什麼，但我想，應該也有其他方法可以得到同樣的結果。我們能不能安排三十分鐘，好好想一下所有選項？
- **有人希望你馬上就關注他**：我現在正在趕一件快要到期的工作，等我做完馬上就來找你。我現在沒辦法分身，你能不能等三十分鐘後再過來？

不要花五分鐘解釋爲何你沒有辦法空出五分鐘給對方，而且，反正永遠不會只花你五分鐘！

事先排除經常會打擾你的人

你多次收到相同的要求或是在最後一分鐘被叫去救急，打亂了你自己的時程。會要你做這種事的人，通常是掉進混亂漩渦裡、不斷比著誰更忙的瘋狂忙碌人士。

他們永遠都在最後一分鐘求援，早上七點傳訊息請你爲他們提供早上九點那場會議需要的資訊。有時候你不能不做，因爲對方階級太高，不容拒絕。但如果他們能有更好的規畫，就不用總是匆匆忙忙的了，然而；如果你把這種話說出口，很可能對你的事業沒有好處。

以下這句咒語可以幫你奪控制權：

「我注意到……」

- 我注意到你需要一些資料、以便之後和客戶開會時參考。我們何不每星期聯絡一次，看看你之後有哪些會，讓我能幫你準備更詳細的資料？
- 我注意到你經常在簡報之前想要改投影片。在要做簡報的那天下午，我們要不要先安排十五分鐘演練一下，這樣我們就有時間幫你做好？

- 我注意到我們有幾個專案在中期時改變範疇，我想，如果我們在摘要匯報階段多花點時間，應該對大家都有幫助。我們可不可以在一開始多花點時間和所有利害關係人開會，好幫你找到對的範疇？

「幫你」是很好的總結，對方最後聽到這一句，會覺得你的建議是爲了要改善他們的生活。

訂出界限

如果你或團隊成員容忍任何人打破了任何流程或規範，這些人未來就會踐踏你的界限。如果規定每個月二十日之前就要交出費用表、月底才會支付費用，那麼，規矩就是規矩。如果當一次好人破壞規定，以後你要怎麼樣讓大家都守規矩？界限不容任何模糊地帶。

下一章要討論的，就是最容易惹毛我的事物之一……。

12 想想亞里斯多德會如何評論寵物影片

- 你是不是總是掛在網路上，很容易就被你最愛的應用程式與社群媒體給勾引走了？
- 你是不是總是在看手機，就連洗澡時也不例外？

注意力關乎的不只是你現在正在做什麼事，還關乎你如何過你的一生，關乎你這個人是誰、你希望變成什麼樣的人以及你如何定義與追求這些。

——詹姆士．威廉斯（James Williams），Google 前任策略專家，現爲牛津大學學者，也是科技倫理方面的專家柏拉圖和亞里斯多德等希臘哲學家認爲，不需要工作的自由（也就是休閒時間），是人類存在的目的。休閒能讓人沉思並帶來美德，是最高級的人類發展，希臘人稱之爲「eudaimonia」，意爲「至高的幸福」。

兩千五百多年後，文明居然會演變成人們每天分享超過三百八十萬支貓咪寵物影片，他們會怎麼想？這是我們都渴望的嗎？

除非你的工作就是運用社群媒體來經營事業，而且你在追蹤時小心謹慎，不然的話，使用社群媒體會對你的生產力和福祉造成嚴重威脅，關於這些平台對人們心理健康造成損害的討論已有很多。當我問起有什麼事物會妨礙生產力時，也一定會有人提到使用社群媒體的問題。電子郵件與會議的排名通常很前面，但是對應用程式上癮也不遑多讓。

智慧型手機原本是很好的資訊來源與聯繫管道，每一次我們想到什麼事，比方說想知道那部電影是誰演的、匈牙利燉牛肉湯裡還要放哪些食材等等，就會想馬上找到答案或得到回應。我們的指尖就有豐富的知識。

我們對於即時資訊（或是假資訊）以及不斷讓人分心的事物上了癮，這是一種症候群，或者，這也可能是一種動力，催生出一個追求即時滿足的社會，而我們活在其中。

我青春期的兒子念的學校，有價值上千英鎊的昂貴娛樂設備，他所有朋友家裡都有同款機型。我不想讓人覺得我很食古不化，但是爲什麼我們要給孩子個人專用的昂貴遊戲機器，裡面盡是毫是無意義、只讓孩子分心的內容和虛假資訊？

最近我輔導兩位很有勇氣的人，他們回過頭改用前代的手機，甚至是智障型手機，以控制自己的應用程式上癮症。他們兩人說，自己曾被別人半開玩笑地指控是不是在賣毒還是偷情，總是手機不離身。他們也承認，自己的 iPad 裡還留著應用程式，但是如今他們覺得自己比較能掌控自己的時間了，因爲他們再也不覺得自己隨時隨地都能去看一下，追蹤一下最新狀態。他們專心致志於拋棄連線上網引發的忙碌。

我自己也要眞的好好挖一下廚櫃抽屜，找一支舊型手機出來用。但是最漂亮、最輕巧、最性感的手機實在太吸引我了，誰不是呢？我不能停止訂閱我的 Audible 有聲書或 Spotify，我更是超愛 Podcast。我只是希望，我能控制我的手機，不要讓手機來控制我。

我們都受到剝削

科技公司爭相搶奪我們的注意力，你要有超人的意志，才能對抗他們的演算法。我們被迫回到裝置上，玩一場遊戲，然後才能過到下一關。定向廣告和充滿說服力的各種通知，抓住了我們的注意力。

Netflix 的執行長里德・海斯汀（Reed Hastings）說過一句名言，他說他的公司要面對的主要競爭對手之一是睡眠。這或許可以說明爲何我們覺得非常亢奮，但同時又極度疲憊。Netflix 不用和應用程式互相競爭，因爲我們在看節目的同時，還一邊滑著手機。只專心看一個螢幕，手邊沒有手機，聽起來已經算是一大突破了。

五十分鐘

臉書說，以該公司二〇一六年時的十六・五億用戶來說，每人每天花在該公司各平台（臉書、Instagram 和 Messenger）上的平均時間，就是本節的標題。我很確定，這個數值之後一定又增加了。

五十分鐘聽起來不嚴重，是吧？但是，《紐約時報》（*New York Times*）上登出詹姆士・史都華（James B. Stewart）寫的一篇報導說，一天僅有二十四小時，一般人一天睡眠的時間是八・八個小時（他們好幸運）；這表示，一般人把超過十六分之一的清醒時間都花在臉書上！這眞的浪費了很多腦袋留白時段。

我不敢想像臉書在這段寶貴時間裡想推銷什麼給我們、或者又從我們這裡知道了哪些訊息。時間對社群媒體公司來說決定了一切，我們在平台上的時間愈久，就愈是投入、愈是著迷。是社群媒體在利用我們，而不是相反。

我幾年前關掉了臉書。我很想跟你說，我這麼做，是因爲這個平台大大損害了全球的議會民主。有一部分是這樣沒錯。

但事實上，我之所以刪掉我的帳號，主要是因爲我有太多前男友，窺探他們太耗時間。說實話，當你上臉書時，你眞的對自己更滿意嗎？

你聽過一個老掉牙的笑話吧？說到人們在臨死前後悔自己在工作上花了太多時間。現在這句話要更新版本了。

你花在社群媒體上的時間可以有哪些別的用處？

你在這些安靜時刻還可以做哪些別的事？

你的手機是一種不時讓你分心的干擾物

我們談過轉換成本：這是指分心之後再度找回焦點所需的時間。我們不會把使用手機的時間彙整到同一段時間裡，因此轉換成本還會層層疊加。市調公司德思考（dscout）發現，人平均一天會去摸手機二六一七次。以「用量前百分之十的使用者」來說，這個數值要加倍，變成一天五四二七次。一年下來，就大約是一百萬次，一天花在看手機的時間達二・四二小時，最離不開手機的人則長達三・七五小時。浪費掉的時間，就永遠都回不來了，此外，爲了重新聚焦，我們要花掉的時間更是難以計算。

就算不用，光是把手機放在旁邊就會造成大問題了。德州大學（University of Texas）的安卓恩・瓦德（Adrian Ward）博士發現，就算只是放在眼見所及之處，智慧型手機就會對我們的工作記憶容量（working memory capacity）會造成負面影響。當小孩把手機放在一邊做功課時，請告誡他們這一點。

把使用社群媒體的時間匯聚到一起

你無法打倒這些科技巨擘，它們基本上就是因爲能抓到你的注意力，才能生存至今。讀到這裡，你很可能已經在翻白眼了，但請思考一下，你能不能用更嚴謹的態度來使用手機。

我在工作時會把手機拿開，以便對抗我想要看一下的反射反應。如果我的手機不在旁邊，我就沒辦法順手拿起來。

管理注意力

如果你現在負責管理其他人，那你也必須管理他們的注意力。如果當中有誰已經疲憊過度受不了，刺探一下他們的應用程式使用量。

為了工作而使用 LinkedIn 以及其他社群媒體

二〇〇六年時我從事人才招募業，我也在此時加入 LinkedIn。進來這個平台讓我受益良多，接觸到全球人才網絡。我知道，身爲企業教練與演講者的我，也可以因爲這個平台爲我帶來的全球群眾而受惠。LinkedIn 是改變賽局的力量，扭轉了人們搭上線與建立關係的方式。

然而，就像我在我寫的職涯發展書《翻轉思維：拿走事業中的恐懼》（*Mind Flip: Take the Fear out of Your Career*）裡詳細說明過的，持久且能帶來獲利的人際關係，都要靠離線經營。LinkedIn、推特（Twitter）等只是一個接觸點，是維持稀鬆聯繫與獲得少量資訊的輕鬆管道。真正的業務關係，要透過虛擬或是面對面的對話。

我們花太多時間瀏覽各種管道發送的資訊，欺騙自己說這叫工作。真的嗎？如果你的工作確實就是經營社群媒體，那可能就是；如果實際上並不然，那麼，請自問社群媒體是否真是接觸到群眾或客戶的最佳管道？有沒有更快、更好的辦法？比方說，拿起電話打給許久沒有聯絡的對方，說你很想知道他們過得怎麼樣？

如果你的客戶多半都在LinkedIn上，那你需要花很多時間去瀏覽臉書或是Instagram的頁面嗎？查看不同的平台可以讓你知道你的顧客怎麼想，或者，也可以讓你更了解想要有業務往來的對象，但是，當你試過水溫之後，你就不需要不斷地捲動頁面瀏覽完所有資訊。

對你而言最重要的事物是什麼？

我見過很多平庸的經理人，他們手上總是有一、兩支手機，也會花很多時間回覆貼文或在線上參戰。我知道很多極成功的人很少出現在社群媒體上，恐怕這不是巧合。

13 解決一張待辦清單可以給你大量快感

- 你有沒有一張從來沒完成過的待辦清單？
- 你會不會把你今天的待辦清單又拖到明天？
- 或者，你是不是根本就不寫待辦清單了？

你可能不是愛列清單的人，但一些日常工作系統可以幫助你安定下來，不要迷失在過頭的迷霧當中。如果你手邊有一張清單，要追蹤你做了什麼事以及你還有什麼事要做，就會比較容易，還有，誰不愛完成工作然後勾掉帶來的快感？我還會在我的清單上加一些我已經做完的事，只爲了再度享受完工帶來的喜悅。

待辦清單

如果你在家工作，老是因爲家務事和工作上的大小事而分心，一張好的老式待辦清單就特別有用。清單可以把你的優先要務都串在一起，讓你維持一定的生活架構。

基於以下三個理由，你會需要擬一張待辦清單：

1 **避免拖延症**：列出待辦清單，可以讓你不會拖著不去做接下來的工作。你開完會，檢查你的清單，然後直接去做下一項任務。有了清單，就免做選擇；你就不用去選現在是要拿起手機、發送電子郵件，還是在網路上迷途一下。你會有半個小時的空檔，你可以做一點田鼠式的工作來塡補。你不用浪費時間去判斷什麼叫田鼠式的工作，你的清單上已經列出來了。

2 **感覺到事情在你掌控之中**：當我們要做的事太多時，眞正能做完的事就會太少。我們呆住了。如果你列出一張可以做到的待辦清單，就可以把你接下來要專注的項目列爲優先。領導力專家彼得．布雷格曼說，列清單就是破除「過頭的迷霧」（fog of overwhelm）。

選項愈多，愈難從中挑出一項，因此最終我們什麼都沒選。少絕對就是多，當你的時程滿到令人受不了時，就適用這條原則，也可套用在很多人生面向上。我有一張主清單，列出我想做的所有事，但是每天的待辦清單就盡可能精簡。理想上每天只抓一隻羚羊，便利貼上再加幾隻田鼠。

3 **聚焦**：還記得講到 PIMP 模型時提的柴嘉尼效應嗎？我們會比較掛念還沒做完或被打斷的任務，而不是已經完成的那些。列出小事並規畫做這些事的時間，有助於安定我們的心神，讓我們更能聚焦在重要的事物上，或是停下來休息一下。

待辦清單的問題

果你某一位成員苦於時間管理，你可以要求看看對方的待辦事項清單，這是一個指標，告訴你哪裡出問題了。

當我要求檢視客戶的日常待辦清單，以下是我發現最常見的幾個問題：

- 他們沒有清單。

- 他們有，但是內容塡的太滿，而且很可能不是紙本，而是數位的。待辦清單可能多達數頁，要從今天／這星期的清單轉入明天／下星期，本身就是一件苦差事。他們不再在乎這件事，也是必然的。
- 他們有一張可以辦到的待辦清單，但沒有列出每天的優先要務，每一項工作的權重都一樣。如果他們沒有時間了，就會全部都擠去做小事，那時就會壓力如山大。

排定待辦清單的步驟

前幾章已經提過下述幾點，但是，如果你能套用到編製待辦清單上，也能獲益良多：

- 找到你的個人目標。這些目標應該要契合企業組織的目標、主管的考量以及你自己的價值觀。你希望達成哪些成果？包括個人面和專業面都要考慮到。

- 分解成可以達成的步驟和里程碑。
- 花最多時間的應是你的羚羊，也就是你的優先要務。這是你的主待辦清單，在每一個主題或目標標題之下列出你要做的每一件事。我就有年度與每月的待辦清單。
- 以 PIMP 流程來規畫你的行事曆，列出優先要務／羚羊式任務來對應你要花的時間，這樣一來，你就會有能完成這些任務的可行行動方案，而不只是懷抱希望的空想。
- 現在，寫出你的每日或是每週待辦清單，以反映出這些羚羊式的優先要務，然後，在你有空檔時，再把小型的田鼠式工作安插在旁邊，比方說打電話、行政工作、雜務等等。這些比較簡單的小型任務能不能重疊，以適當的多工方式來處裡？你可以在聽 Podcast 時處理簡單的行政工作，你出去吃中飯時可以撥打很快就能講完的電話，替你省下電子郵件往返的時間，或者，當你有時間去打一個比較長的電話時，你也可以去散個步，不要受人打擾。

列出時間點和使用的科技

找到對你來說有用的系統。我每星期五會排三小時做計畫、更新我的主要待辦清單並趕一點行政工作。我一定會做每天的待辦清單，通常寫在便利貼或是一張小卡上，讓我隨時都能看見。我一定也會問自己今天一定要做完的是哪件事，並確保我有用 PIMP 這套流程規畫行事曆，讓我可以好好完成。

要挑選科技新產品還是復古的清單？

要編製待辦清單，可用的應用程式太多，Evernote、OneNote、Google Tasks、Todoist、奇妙清單（Wunderlist；譯註：已於二〇二〇年關閉）、Any.do 和 Remember the Milk，多到數不清。你可以做個實驗，去找一套你很輕鬆就能跟上的系統。如果系統反而導致你的生活變得更複雜，那就不要用了。

工作流程管理

二〇一九年，我去了波士頓麻省理工學院的史隆商學院（Sloan Business School），上一堂動態工作設計課。我想要了解在強化組織工作流程上最新的思潮是什麼。

我預期我會學到很繁複的新科技，我聚精會神，等著要學會尼爾森・雷彭寧（Nelson Repenning）舉世聞名的流程改善架構。

當他對著我們拿出便利貼和麥克筆，要我們在掛紙白板上畫出案例研究時的工作流程缺失，我眞是大大鬆了一口氣。當然是這樣啦！只要用線條人和波浪線圖，我們就可以勾畫出整個專案，立即看出哪個階段出了錯。

就像雷彭寧教授說的，我們動手修正阻礙生產力因素所需的時間，會比花在搞清楚昂貴軟體工具的時間要少多了。市面上有大量用於協作專案的工具，比方說 Trello 就很受歡迎，我很確定你現在已經也有在用一、兩種了。但不要輕忽老派視覺繪圖的輕鬆不拘。當我讓客戶在白板上畫出他們的團隊流程時，任何瓶頸或是工作分配不均的問題就會馬上跳出來，然後就可以修正了。

這些都是戰術性的東西，不礙事，接下來，要來看看我們是怎麼礙了自己的事？

14 不要再瞎忙，也別再試著做到完美

- 你會拖著不開始動工，固執地想要做好萬全準備而不是動手做了再說嗎？
- 你是不是要先……查一下電子郵件、查一下手機……再泡一杯茶，然後才開始做事？
- 你是不是先追逐每一隻可能抓到的田鼠，然後才開始獵捕你的羚羊？

我們為何會瞎忙、自己找事讓自己分心、拖著遲遲不開始做應該要做的事？

如果沒有排定去做的時間，就無法完成這項工作。

我們已經仔細討論過如何安排時間與地點以完成你的優先要務，包括遵循 PIMP 流

程把選項和讓人分心的事物減到最少。我們懂了帕金森定律，理解我們可以設定時間和嚴格的指引，規範我們應該要花多長時間去做某一項任務，這樣就不會在這上面花掉過多的時間。

你是不是還在瞎忙，沒有認真去做事？

善用下列方法，讓你的努力集中焦點：

一、不要過頭

如果我有三件重要的事要做，我會好好去做，但是如果待辦清單太長，我就會覺得難以掌控，什麼事都很難做好。對我來說，三件要事就夠了，這樣我還有一些精力，在空檔時去做一些田鼠式的小任務。

哥倫比亞大學商學院（Colombia University Business School）的席娜・艾恩嘉博士（Sheena Iyengar）做了一項很迷人的實驗，說明選項太多如何阻礙我們做決定。有一群人拿到六種不同的果醬樣品，另一群人則拿到二十四種樣品，他們要從中挑選一種購買。拿到六種樣品的人，眞的買下果醬的機率高十倍，因爲他們不會迷失在過頭的迷霧中。挑出少數幾項影響力最大的羚羊式任務即可。

二、當心你追求完美的傾向

我有很多客戶都是沒有安全感的高成就者，他們對自己施壓，要求一定要做到完美。出現拖延症的現象，正是指向你有完美主義的危險訊號。

請好好想一想。你要做一份很重要的報告，星期五早上就要交出去。如果你規畫在這個星期比較早的時候就開始撰寫並修改，你就大有可能交出一份品質極佳的文件。如果你在星期四晚上才熬夜加班，一直做到星期五凌晨，你其實是在替給自己製造一個逃避的藉口，以解釋你的成果爲何品質不佳：「如果我有多一點時間去做就好了，這份報告一定會很完美。」

你這是在保護自己，免於承受失敗的恐懼。如果你投入全心全意去寫這份報告，但是仍達不到你自己設定的不容妥協高標準，你就要處理自己對於失敗的憂慮了。也因此，你的完美主義傾向先絆住你，保護你不用面對你認定的不夠格表現與失敗。

逃避的行爲並沒有爲你織出安全網，反而製造了更多的壓力和焦慮。你的拖延戰術、最後一分鐘才動手的態度，很可能也讓要接在你後面做事的人很緊張。

童年因爲表現不夠完美而被責罵，大人只看著拼錯的那個字，而沒有看到其他拼對的十九個字，這種人很可能就會變成完美主義者。

如今，生活太滿，無法什麼事都做到完美。有些事需要完美，有些事只要做到及格就好。你要減輕你加到自己身上的壓力，知道什麼時候夠好，就眞的已經很好了。

你選擇要做哪些事，比你怎麼做更重要。

第三部

維持高生產力

15 不要等到有動力才去做，動手就對了

- 你會不會有某幾天的生產力比其他時候來得高？
- 你的動力會下降嗎？
- 你要做什麼事會取決於你有什麼感受嗎？

治療瘋狂忙碌的重點在於做出正確的選擇，去決定你要做什麼事、以及你在什麼時候用什麼方法去做。在我們探索波動起伏的心情會造成哪些影響之前，我想先跟你聊歷史，從工業革命當中學習一些和士氣有關的心得。明確來說，我想探討我們怎麼會忘了人類動機最基本的一課：員工在生產上若有自主權能帶來哪些影響。

瘋狂忙碌對經濟與動機造成的損害

我在替領導者上瘋狂忙碌導引課程時，一開始都會請他們想像自己負責一條製造裝配線，然後用這來比較他們實際的工作情況。他們有多常因爲被人打擾而停下生產線？他們花多少時間開會討論要組裝什麼東西，而不是實際動手去做？

裝配線有嚴格定義的程序，因此可以達到最高的效率，不會浪費一秒鐘在轉換任務上。

生產線的流程在任務的每一個面向上都很精準，此外，其優點還在於這跟心情完全沒有關係，做就對了。每一位員工都像是一個小齒輪，是整體複雜系統中一個可取代的小零件。最初倡導這種流程的人，是美國的工程師佛德瑞克．溫斯洛．泰勒（Frederick Winslow Taylor），在他一九一一年出版的《科學管理原理》（*The Principles of Scientific Management*）中，他把工程原理應用到管理上。

根據泰勒主義，管理工廠的經理人要把每一項工作分解成單一的動作，找出哪些動作是必要的，然後設定碼表替員工訂下作業時間，消除任何不必要的動作。這套機械性的常態作業方式稱爲「最好的方法」，遵循這套程序的員工成效會高很多，因爲他們不用去選擇接下來要做什麼，只要去做經理人放在眼前的工作就可以了。

泰勒很可能是史上第一位管理顧問，他的想法極具革命性，但也很有爭議。他的方法備受批評，因爲他把工作變得非常單調，讓員工覺得工作事不關己，而且士氣低落。

我們離工業革命或許已經很遠了，但是員工至今仍過得枯燥乏味，無須用腦。市調公司蓋洛普（Gallup）指出，百分之八十五的員工在工作上要不就是不投入、要不就是主動逃避責任。這種全球性「常態」造成的經濟結果，是耗損了近七兆美元的生產力。百分之十八的員工在工作上與職場上會推卸責任，百分之六十七的人則是「不投入」。雖然這些並非全部都是整天坐在電腦螢幕前面的人，但很多都是。

當中有太多人都用自動導航模式在工作，反射性地回應放在眼前的工作，就好像無聊透頂的裝備線員工那樣，差別在於，他們做的事情是處理電子郵件。這些人仍然不做主動選擇，不管接下來要做什麼。

我們可以從裝配線上學到什麼？

我們可以從泰勒身上學到一些要點。遵從他的原則的管理者，是第一代奉行割草機式管理的經理人（我們會放到第十九章來談）。

我也很支持再把工時學的相關研究翻出來。要落實腦袋留白時段模型的話，我們要知道實際上要花多少時間才能完成核心任務。我不確定今時今日拿著碼表站在別人面前是不是可以接受的行爲，但是我們仍然能用工時表來追蹤績效，作爲獲取資料的起點。

哪些因素影響人們選擇要做哪些事以及他們會多努力去完成？

動機仍是一個非常複雜的主題，是如何做出具生產力選擇的問題核心。動機影響了我們如何選擇接下來要做什麼事。

多數人能得到獎勵都是因爲結果，而非努力。經理人比較常在談最終的成效與結果，假設員工都擁有完成工作的工具並具備能力，且沒有付出該有的時間把工作分解成可評量的小項任務，以便他們提供回饋。

回饋是維持動機的必要因素

心理學家艾德溫．洛克博士（Edwin Locke）與蓋瑞．拉森博士（Gary Latham）花了很多年的時間研究目標設定理論，他們相信，回饋是讓人維持動機與保持在正軌上的必要因素。激勵我們的並不是終點，而是這一路上達成的大小目標。等到我們還完債務並在事業上累積出一些成績之後，薪水和獎勵才會變成動力，因爲到了這個時候，這些東西更像是一種回饋數據，給我們一個基準指標，讓我們知道自己的表現好不好。還記得那個老笑話嗎？當我賺得比我的姻親更多，錢對我來說就一點都不重要了。

封閉回饋迴圈以修正績效，會比完成目標更讓人滿意，也更能激勵人心。指導銀牌選手向來比指導金牌選手容易，因爲第二名的人知道差距在哪裡，也知道要如何縮小。激勵他們不斷向前邁進的理由是回饋數據，而不是完成勝利這項任務。金牌冠軍則要四處張望，尋找下一個挑戰。

當你交出一篇論文或是完成一項專案，在一開始的興高采烈之後，你很可能會體會到一股空虛感。我寫這本書時，遲遲不寫完最後的一千字，一直到我決定下一本想寫的書之後才動筆完工，這讓我的出版社很光火。

如何得到回饋訊息以保有動力並調整你的表現

- 每個星期利用 PIMP 流程安排一段時間，專門用來分析進度。
- 如果有任何人願意給你批評指教、中肯客觀的意見並支持你、刺激你變得更好，請他們提供回饋意見，包括教練、你信賴的同事與主管。
- 就算你不認同，也要說「謝謝你」。
- 把你的任務分解成小項，爲你自己訂下期限，完成之後就可以勾掉。
- 傾聽不請自來的回饋意見。別人針對你和你的工作所提的批評，要懂字裡行間的深意。你的盲點是什麼？

心情不重要，做就對了

動機會影響你決定接下來要做什麼，但是有時候我們實在沒有那個心情。我們知道應該做什麼，也有動機去做，還可以選擇什麼時候要嘗試動手去做，但是就是不覺得想去做。我們因循拖延，躊躇猶豫，被各式各樣讓人分心的數位事物吸走注意力。我們什麼都做，就是不願意去面對做必要之事帶來的不適。

我們會說自己沒有想要去做這件事的心情，等有心情了就會開始做。事實上，這樣說也不對，我們只是覺得現在不想做。

多數學校會要學生依據表定的時間去上數學課，而不是看他們覺得想不想上。我們也像六歲小孩一樣，需要同樣的專業主義取向與架構。

心情（mood）和感覺（feelings）並非同一件事，但經常被混爲一談。心情會持續好幾個小時、甚至好幾天，是對各種內部與外部因素的反應，包括我們身邊的人、環境因素、我們吃的喝的食物、我們所做的運動以及我們的心理狀態。我有幾個朋友在疫情封城期間對我說他們的心情「很低落」，即便顯然有幾個原因造成這種情況，但是他們無法確切指出到底是爲什麼。

感覺是我們如何解讀自己的情緒，持續的時間遠比心情短得多。我們會回應某個觸發事件，比方說比較資深的人說等一下要跟你聊聊，我們的大腦就會分泌引發某種情緒的化學物質。我們把這種情緒綜合成一種感覺。資深人員提出這樣的要求，很可能讓你覺得焦慮或是開心，這就要看你如何評價自己最近的表現。

感覺持續的時間比心情短很多。你會覺得焦慮，但是在此同時，你的心情大致上來說仍很正面。然而，你的焦慮感很可能阻礙你選擇繼續做你的工作，你瞎忙別的事，拖延你最重要的任務，一直拖到今天都快過完了，引發了不健康行爲的循環。

好消息是，不管你有什麼感覺，都可以正向面對，回到正軌上。以下是一些重點，主題都是「做就對了」。

★知道你的羚羊式任務是什麼，並嚴守你以PIMP流程排定的時程表，把事情做好。
★排除萬難也要執行時程表。就算你覺得不想，做就對了！
★守著你的待辦清單，當你完成一項工作時，就轉到清單上的下一項。
★待辦清單要簡短。還記得席娜．艾恩嘉舉的果醬樣品例子嗎？太多選項會讓我們受不了。刪減你的每日清單，將工作項目減至你可以做完的程度。你那份比較長的希望清單，則當成參考用。
★從你覺得比較自在的地方下手，藉以提振你的精力和信心。

★開始動手做，代表你讓自己有時間去想實際上應該怎麼做：尋求支援、擬定計畫、設定範疇。不要急。

★當你完成任務時，給你自己一份禮物，放輕鬆瀏覽一下你最愛的應用程式；還在做事時就不要了。

每週提問，好讓你維持充沛的精力

以下是一系列的反省性問題，我鼓勵我的客戶每星期一開始時都自問這些問題，以確保他們精準地將焦點放在追逐羚羊上面。你可以自行讀完這些問題，也可以和教練、團隊或是最適當的人選一起。

上星期的重點是什麼？是否從中學到任何心得？

這個星期要完成哪三件事，才算是成功？

我在逃避些什麼，或者，我是否嚴苛地對待自己？

有什麼事是只有我能做到的？

爲了完成工作，我可以把工作交付給誰？誰有需要強化技能？

我需要投資時間去經營哪些人際關係？

我需要和誰聯繫？

我現在需要處理哪些問題，以免日後會更頭痛？

如果我覺得我不可能失敗，我接下來要做什麼？

有鑑於此，我這個星期最優先的要務是什麼？我什麼時候要完成？

快快回答這些問題。如果你和團隊一起作答，不要針對上週的情況詳加剖析。你只需要知道這個星期要先面對的是哪些任務，現在又可以忽略哪些事。

反省能提升生產力

離開辦公桌，花點時間去思考上述問題，並不是一種沉溺，已經有人證明這麼做可以提升生產力。二〇一七年《哈佛商業評論》（*Harvard Business Review*）刊登的一篇文章便引用一項研究，該研究發現，如果人在工作日結束時多花十五分鐘反省一下，而不是多花十五分鐘加班，短短十天下來，生產力會提高將近百分之二十五。一個月之後再做一次評估，仍然可以看到生產力持續增加。

現在，你沒有藉口了；你可以透過優先順序得到力量，但是，如果你還依舊掙扎難以動手，很可能有一些表面下的理由。

16 隱性的生產力問題

- 相比多數人，你更沒有條理嗎？
- 你認爲，即便時間很短，要拿出注意力或安靜坐著都是很困難的事嗎？
- 你在聽取口頭指示時，心思會不知道飄到哪裡去嗎？

我試著提出直截了當的療法，很樂於知道哪一種對你來說最有用。有些人覺得，他們比別人更難打破瘋狂忙碌的習慣。

據英國諮詢、調解、仲裁服務中心（ACAS）估計，在英國，每七個人中就約有一個人具有神經多樣性（neurodivergent；譯註：人腦在社會行為、學習能力、注意力、心境和其他心理功能上出現正常範圍內的變異，但在病理學上並無缺陷或問題），這已經超過總人口的百分之十五了。這些人的大腦處理資訊的方式，和其他人大不相同。神經多樣性包括注意力缺失（deficit disorders）、自閉症（autism）、讀寫障礙（dyslexia）、運用障礙以及其他神經性問題，比方說腦部損傷。

每一種神經多樣性都會因人而異，不完全符合典型。比方說，不是所有自閉症的人都是數學天才，但這類人也有很多會把熱情和高度的專注力帶到職場。

經理人正開始意識到，要提供量身打造的支持來滿足神經多樣性同事的需求，這稱爲認知無障礙（cognitive accessibility），舉例來說，有些自閉症的人喜歡戴上降噪耳機工作，偏好冷靜的辦公室環境與架構分明的常規。

ACAS估計，僅有百分之十七的組織知道內部有多少神經多樣性的人。有些人的需求比較不明顯，但是他們的長處伴隨著某些處理機制的失調。你可以說他們是隱性失能者。

你很可能私底下就是一個難以井然有序的人，或者，你可能知道哪些同事就是這樣的人。如果你很困惑，不知道爲何你那位超級聰明、畢業於一流大學的實習生或數學系研究生總是遲到、都不聽你的話、看來一團混亂而且很難把事情做完，請不要就大筆一揮不要這些人。他們很可能有一些隱性的流程或規範問題，需要你幫一把，才能充分發揮他們極高的潛能。

舉個例來說，我在運用障礙這方面算是相關人士，具備一些知識。有運用障礙的人很難做好需要依序、有架構、有組織且遵循時限的任務。他們特有的策略性與創意性思考能力，很可能讓別人誤以爲他們只是「失序」。

這些人需要你伸出援手，幫他們他規畫與安排活動。也就因爲這樣，我很喜歡色紙和有顏色的筆：我是一個視覺性很強的人，對我來說，出現在螢幕上的冗長清單，只會讓我頭昏眼花。我女兒有很嚴重的運用障礙，我懷疑我多多少少也有。一定有什麼因素在搞鬼。

我左右不分，沒有方向感，我閱讀地圖的技能低到讓人不敢恭維。我在職涯初期曾在英國皇家女子海軍（Women's Royal Naval Service，簡稱 WRNS）有過一段短暫且平凡的軍旅生涯，當時女性不會出航，顯然那些水手並不信任我們。身爲皇家女子海軍熱血年輕撰稿人的我，被派去擔任幕後工作，到蘇格蘭羅塞斯（Rosyth）一處海軍基地參與實際的北約（NATO）演習。我繪製一艘林仙號輕巡洋艦（HMS Arethusa）的航行圖，就停在西班牙中央，大約十分鐘後，才有人用海軍的粗話問：「他媽的這艘船停在那裡要幹嘛？」我完全搞不清楚東南西北了（在 Google 地圖問世之前，我們必須要自己處理經緯線）。很快就有人叫我永遠都不用做這件事，改派我去泡茶了！

我女兒阿蘭娜（Alannah）十六歲時被診斷出運用障礙，在這之前，她的老師都很挫折，不懂爲何一個這麼聰明的孩子卻弄成一團亂，老是丟掉文具、識別證和鑰匙，錯過要交報告的期限，很難準時上學，老是疲倦的不得了，凡此種種。這不是她的「錯」。她很難處理這些東西，因爲她的問題是生理上的失調，而不是行爲上的失序。

現在她已經找到自己的策略，比方說多撥一點時間以便做好整理。我這個做媽的向來以她爲傲，但就算是我也知道，她很難具備詳細的專案規畫技能，然而，她擁有另一種天賦，可以比別人更快就看到解決複雜問題的方法。她的大腦好像會直接跳到最後的結果，然後再回過頭來塡補細節。只要有人和她確認一下，問問看她有沒有忽略什麼，這種能力就會是一種資產。

如果你看出別人身上的問題，那要如何幫上忙？

認定大家都希望把工作做到最好，是很安全的假設，如果你看到一個人很難讓自己井然有序，解決方案不見得是「你再努力一點就可以改善」。

阿蘭娜被診斷出運用障礙，讓她放下心中大石，也讓她能夠得到自己行爲的解釋並找到因應策略。她很幸運，但職場上有很多人並沒有這樣的餘裕。他們知道有什麼地方不對，但是認爲那是因爲自己笨（他們很可能一直以來都聽到別人這麼評斷自己）。他們或許沒有得到正式的診斷，但自知很難辦到別人輕輕鬆鬆就能做到的事。這很可能帶來壓力並讓他們覺得很羞恥，難以提升生產力或動力。

你如果能提供一些溫柔的輔導，或許可以幫助他們找到可行的解決方案：

- 讓他們可以放心和你談到這些事。
- 當你在提供回饋意見時，要對事不對人（比方說，不要說「你就是一團亂」）。
- 他們會知道哪種方法對他們來說有用，能和主管談一下，甚至將他們轉介到職場健康諮商，會給他們空間找出如何去做合理的調整。有些時候解決方案明顯可見，比方說圈出特定時段、設定計時器以作爲提醒、給他們白板畫出工作或是找到適當的應用程式。
- 他們的大腦很可能會和他們唱反調，讓他們很難找出這類細節（這很諷刺）。

你如果花一個小時指導他們、支持他們，將會替你贏來極高忠誠。你沒有資格做診斷，但是你可以指出他們在哪些地方需要支持。

- 承認問題，並找出解決方案。使用「我注意到」這句話，有技巧地啟動對話：
    - 「我注意到你很少準時登入參加我們的每週視訊會議，你需要我做什麼幫你嗎？」
    - 「我注意到你好像常掉東西，你一定很沮喪。我們能不能想一點方法來幫你忙？」
    - 「我注意到你常常趕不上期限，你需要可以清楚看見的標記提醒你接下來要做哪些事，讓你不會出差錯嗎？我們要不要來想一些辦法？」
    - 「我注意到你不會自願參與團體新專案，我在想，是不是能讓你多採取獨立作業，這樣你可以做出一點貢獻？我們能聊一下嗎？」

鼓勵神經多樣性的人才，應該是企業組織中從上而下的倡議行動。應該訓練經理人支持這些人，讓他們創造出最大的貢獻。這代表，要欣賞他們的優點與不同的觀點，不要強調他們的弱點。

我們都愈來愈能討論職場上的各種心理健康議題並彼此支持。很多人想聊，但不知道該跟誰聊。請善用每個機會，提醒大家公司組織裡有哪些可提供支持的資源，哪一天他們需要幫忙時，馬上就知道該去哪裡了。

17 視訊會議裡的殭屍與彈性工作制度

- 你認爲在家工作時比較難專注，還是比較有生產力？
- 虛擬會議會比實體會議更累人嗎？
- 遠離辦公室時，你的心情會每天上下波動嗎？

為何虛擬職場讓人如此疲累？

隨著新冠疫情延燒封城在即，我買下了希拉蕊・曼特爾（Hilary Mantel）的新書《鏡與光》（*The Mirror and the Light*），我以爲我有大把的時間可以流連在這七百五十四頁的文字裡。我到現在連一個字都沒讀，但是這本書的大小剛好，可以讓我墊高筆記型電腦，在開視訊會議時把鏡頭角度調整到比較好的位置。我的焦點怎麼會變成這個？

因爲控制大局的，是我的動物腦。

當人在和經濟、健康與情緒壓力相搏時，我們的動物腦、也就是邊緣系統（limbic）會進入求生模式。我們表面上自認掌控大局，但是潛意識心智正在加班，進入「逃跑或戰鬥」（flight or fight）模式。很多人都會記得自己鮮明的夢境也是因爲這樣，我們的邊緣系統會日夜不停運作，努力保護我們自己以及我們所愛的人不受外界威脅。要長時間集中注意力，很難。

我不會替自己設定兩小時的心流時間，我會根據 PIMP 流程撥出一個小時、甚至四十五分鐘就好；我走強烈密集大爆發的路線，而不是拉長時間慢慢做。

要做的事太多還是太少？

要做的事情少於平常水準的人，會發現帕金森定律的奧義：他們會不斷增加工作，直到塡滿所有可用時間；他們做四件事的時間，長到好像在做十件事。有些人則是有太多事要做，包括要負責照顧別人，太多選擇，造成矛盾的過頭迷霧（還記得席娜・艾恩嘉的果醬樣品實驗嗎）。要做的事太多事，到頭來什麼事也做不了。

處於這種危機的經理人需要調整工作量，以反映實際的情況：更平均地分攤工作量，並且釐清優先要務。

決定疫情期間要在家工作，並不在我們掌控之中。

二〇一〇年到二〇一五年間，尼爾．多西（Neel Doshi）和琳賽．麥克葛雷格（Lindsay McGregor）兩位心理學家在全世界超過五十家公司調查了超過兩萬名員工，以找出哪些因素能激勵人們，包含在家工作對員工的影響有多大。他們評量在家工作與在辦公室工作者的動力時，發現在家工作的人比較沒有動力，如果他們是不得已才在家裡工作時，更是如此。封城時，我們也經歷了同樣的事情，我們別無選擇。

多西和麥格芮格發現，當員工被迫要遠端工作時，動力會大幅下降，效果相當於從全世界最好的文化環境搬到最不快樂的地方。

我經常在家工作，這是自雇者的重大福利之一。然而，我習慣的是家裡只有我和我的狗，我不習慣家人一整天都在家，等到我要上線工作時還要大家互搶無線網路的頻寬，或者聽到有人大喊沒有牛奶了，或是誰吵吵鬧鬧地在沖澡。

如何在虛擬職場保持敬業與動力？

以下是我在封城期間爲領導者與團隊提供的建議，我要在這裡再說一次，我期望封城的威脅已成過去，然而，要讓虛擬團隊敬業且鬥志高昂，仍是很重要的事：

視訊會議中的殭屍：虛擬會議管理

★虛擬職場讓人精疲力竭，因爲我們必須更專心才能掌握所有非口語線索。重新評估你的會議時程，如果可以的話，少開一點。問問看大家怎麼樣安排對他們來說比較好。設定開會時間的上限，讓大家加速。

★把討論福祉的會議和討論業務的會議分開，不然的話，大家會覺得你對於情緒面向的回應只是口頭敷衍，只是等著繼續推展實質的議程。

★創新的雲端視訊軟體如 Zoom，絕對會讓人疲憊。請重複確認大家想不想要這些東西。當我們不斷把工作帶進家門，代表兩者之間的界限愈來愈模糊。或許可以多一點善意，讓內向的人可以稍微離開螢幕；或者，至少你可以讓你的社交邀請變成可選擇的選項。和我合作的一個團隊，在每場會議一開始就會達成協議，是要所有人都打開鏡頭，還是所有人都關上鏡頭（但是，如果你是唯一不開鏡頭的人，不用期待在會議中能發揮什麼影響力）。

訓練疲憊的動物腦更快速運作

★設定比較小的期限，以防止拖延。鼓勵大家圈出時間較短的工作時段。

★監督團隊行動，確保大家都有適當的休息。鼓勵成員以更有效率的方式徹底做完核心任務，這樣他們可以用更短的時間完成，然後休息一下。完成工作應該是重點，而不是毫無意義地計較有沒有看到人。在這方面請以身作則。

★一定要有中午休息時間，要請每個人都在自己的行事曆上空出這個時段。我不管大家是不是在不同的時區工作，每個人都要有適當的休息，才能重新找回活力。

★我會印出文件，快速讀一下（我知道不用印啦，我知道啦），因爲紙本的比較不會讓人分心。

★如果團隊處於非常態的虛擬職場期間，請向團隊說明你會如何衡量他們的表現。應該要著重的是產出結果的品質，而不是電子郵件的數量。

團隊愈緊密，生產力愈高

★如果你希望團隊又敬業動力又高，請交代他們去做能使人投入且鬥志昂揚的工作。

★以前大家都沒有時間修正、但又能改變局面的問題是什麼？你們現在能開始動手做了嗎？

★讓成員彼此協作，以培養團隊關係與信任。交代他們解決問題，比方說：「在這段期間內，我們做哪些事會對顧客產生最大的影響？」

★查核工作的進度，不要查核員工。

★練習教練輔導與給予回饋的技能：目前狀況如何？你有學到什麼嗎？你是怎麼做到的？對你來說，現在有哪些方法很有用？

★看到成果能讓我們有成就感。烘焙會這麼受歡迎是有理由的：人都想要看到最後的成果，希望自己能掌控一些事物。你能不能把這股本能需求轉入工作當中？比方說，讓成員去做有明確成果的關鍵影響力專案？

畫出你自己的界限，不要瘋狂投入工作

如果你在遠端工作，你要知道你自己需要增添價值，或者說，要對得起你領的薪

水。但不要因此沒事找事做，或是把事情變得更複雜。如果你得到片刻的安靜時光，那就請享受這段腦袋留白時段。如果你既要工作，還要負責照顧家庭，請想辦法一次做一件事就好，你無法一邊工作、一邊又看著孩子在家上課的情況，這一定會讓你蠟燭兩頭燒。

不管你適合哪一種工作方式，都要在工作與家庭之間畫下明確的界限。早上換好你上班時會穿的服裝，晚上則換回家居服。我有一位客戶每天結束時會從前門走出去，然後再穿過廚房的門走回來，這讓他在心理上覺得一天結束了。

看得見才領得到功勞：你是否應該永久在家工作？

多數人在家工作時生產力都比較高。讓人分心的事物減少了，代表我們可以認眞工作，好好思考。這也徹底證明辦公室人生有多瘋狂：我們在實體辦公空間根本很難做好什麼實質的工作。

通常，我們選擇工作的考量因素追根究柢都是通勤。你想要在一月某個星期一大早來到仍一片昏暗的車站，抓著一杯昂貴的咖啡，期待七點半時可以到達市區嗎？

如果每天做的第一件事情是跑步，早上八點時登入電腦，在開第一場會之前就已經聚精會神工作一個小時了，這樣的你會不會更快樂一點？你當然會。

但你會不會錯過什麼？不用通勤，是否意味著扼殺了你的長期事業發展前景？

不用通勤的同時，你要捨棄什麼？

尼可拉斯・布倫（Nicholas Bloom）和同事在攜程集團（Ctrip）做了一場在家工作的實驗；攜程集團是一家在那斯達克（NASDAQ）掛牌的中國旅行社，共有一萬六千名員工。自願在家工作的客服中心員工被隨機指派，有可能是在家工作，也有可能要到辦公室上班，實驗爲期九個月。在家工作的績效高了百分之十三，但是在辦公室上班的員工在公司裡升遷的速度比較快，超越更爲高效的在家工作同仁。在家工作或許讓人更開心，也能提高生產力，但是有損我們的事業發展。爲何如此？

大家比較認識在辦公室工作的員工，他們比較可能和誰談話並從中得到機會，他們也有更好的人際網絡，也會從隨意閒聊當中得到更多非正式的資訊，他們是辦公室的精髓。這些是虛擬世界裡欠缺的。

不用通勤是否有損你的長期事業發展前景？自布倫完成研究以來，企業組織（大致上）已經更有能力從遠端管理，新冠疫情封城之後讓我們得到更多相關資訊，溝通與監督績效的工具也大有進步。但是，人的因素還是很重要，人類畢竟是社會型的動物。無論你能以多有創意的方式運用科技，很多時候，面對面仍是做生意最好的方法，也是你經營事業的最佳管道。親自相處總是更容易發揮影響力。

有些任務在共享的實體空間裡執行效果會比較好，比方說腦力激盪、推出新產品以及培養社交關係。人為的網路聊天室只是適當的替代品，主角仍是能透露更多訊息的面對面談話。如果會有員工進辦公室上班，主管一定要出現。唯有親身感受，你才能真正理解團隊的氛圍。如果他們在辦公室上班、但你不出現，這會傳達出什麼樣的訊息？

你的每週排程應該以活動為導向

彈性安排與遠距工作應該是我們所有人都可以接受的選項，在這個前提下，從現在開始，你要在哪裡工作，應該由你要做的活動來決定。我們每星期的運作節奏，很可能變成混合了職場與家庭兩邊跑。

這就需要更好的規畫以及果斷肯定的溝通：如果有一半成員星期五會在家工作，你就沒辦法讓另一半的人樂於在這一天進行腦力激盪。講彈性工作安排，就真的要做到有彈性：要培養耐受度，容許調整工作型態以滿足不同的需求與活動時改變常規。

若想專注去做比較深度的工作，留在家中。如果當天要進行一對一對話或是要爲客戶辦理研討會，就進辦公室或營運中心。僅有在必要時才讓團隊實際相聚。擬定簡練的議程與步調，發揮會議的效果。盡可能限制虛擬會議的次數；開這種會讓人甚爲疲憊。

如果你需要留在家工作，請務必確認你的生產力得到獎勵，不會犧牲掉你的事業。持續和團隊培養信任。

在虛擬工作環境中如何保有「事業資本」？

有很多人在虛擬的全球性團隊裡工作，我輔導的很多客戶就是這樣；但是，他們還是會親自聚在一起，參加大型研討會與團隊會議。如果你所處的環境沒辦法這樣做，那你就要想想看要如何才能讓別人看見你，並讓自己參與其中。

拿起電話聯繫，鼓勵大家來杯虛擬咖啡，聊聊每個人手邊在做的事與面對的挑戰。不要讓別人替你假設你的職涯目標。推動事業發展對話，凸顯你的貢獻與抱負。

抓住機會經營人脈網絡和關係。善用你節省下來的通勤時間，學習更多和專業領域相關的知識並創造機會多加分享。

第四部

帶領大家跳脫瘋狂忙碌

18 你是控制狂、超級明星還是管家婆？

- 你是否受過訓練，知道如何高效管理團隊？
- 爲了騰出時間管理他人，你把哪些自己要做的工作交代給別人？
- 哪一種人占用你更多時間，是你的明日之星還是績效不彰的員工？

恭喜。你的努力（很可能是你的瘋狂忙碌）獲得認可，現在，除了你手邊的優先要務之外，你還要擔負管理責任。

你的團隊可能是新進人員、你從過去的主管手上接收的現有成員；或者，最麻煩的情況是，團隊成員是你過去的同級同事，現在變成你的下屬。

從領域專家變成擔任領導角色，是一種很微妙的過渡。當過去成功的獨立貢獻者必須去管理別人時，表現很可能脫序。

我看過很多新官上任的主管犯下錯誤，掉入以下三種管理風格之一：

1 **控制狂陷阱**：你的團隊還不錯，但是有很大的進步空間。你花很多時間和他們相處，查核他們到目前為止的狀況，並說明下次怎樣做會更好。當他們沒有時間，到最後多半是你自己跳下來動手做，說實話，反正這也比告訴他們怎麼做更輕鬆。

2 **超級明星陷阱**：你要擔負管理責任，但是，你得到的獎勵和你的評鑑基準主要還是你自己的表現。如果可以逃避的話，你會盡量少花時間去做管理，這很合理。你每個星期一都會和團隊成員進行一對一對話，之後的時間就放任他們自己去做事。有些人的績效達不到標準（這些雪花世代懶得要命。譯註：雪花世代〔snowflake〕是英美國家用來指稱感情脆弱、動不動就愛抗議的年輕世代），但你太忙，沒辦法和他們一起設立一套沉悶乏味的績效管理系統。如果運氣好的話，他們就會察覺到自己表現不好然後離開，那你就可以聘用比較好的人才取而代之。

3 **管家婆陷阱：**你報了一門覺察訓練管理（Mindful Management）的課程，幫忙你眞正培養出替你奮戰的員工。他們當中有些人在不同的事業部混了好一段時間，做出的成果不太耀眼，你堅信他們在你的羽翼下會變好。你花很多時間和他們開會，詢問他們覺得自己的表現如何以及他們打算日後有哪些不同的做法。你自己的頂頭上司希望你把他們調走，但是你很樂觀，認爲大概六個月就能讓他們脫胎換骨。在此同時，你答應由你自己塡補當中的不足。你取消了健身房的會員，拖著不請你的年休，全心投入，想要成爲「你有能力成爲的最佳經理人」。

不管對你或是對於你的下屬來說，這些管理風格沒有一種能奏效。他們要不就是過度仰賴你，要不就是因爲你無法讓他們成長而感到喪氣。

以下這些方法，教你如何在處理自身優先要務的同時又能管理他人：

第一步：消除你自己的部分工作負擔

你之前或許能把百分之百的焦點和精力都投注到你做的事情上，也因此，你才能得到獎勵、獲得提拔。但現在，有些事你必須放掉。你沒辦法向老天爺要更多時間。你要協調，看看現在每星期要有多少時間花在管理，以及你要從哪裡騰出這些時間。那麼，你要放掉哪些事？

這是一種你我都必須面對的兩難局面。你自己的主管應該能提供一些有用的見解，讓你知道如何找到對的平衡。現在，你無法像過去一樣，自己去做每一件事。你能否改變工作方式，讓你用更高的效率完成自己的優先要務？

有些任務可以交付給別的團隊成員。他們做起來可能不像你這麼好，但主管的責任是管理，不是事必躬親什麼都自己做。請理解這一點。

放開你事事都要掌控的念頭。一旦你的員工受過了訓練、培養出技能且有了動力之後，放手讓他們去做。不要大小事通通都管，又重複去做他們做過的事。不要阻礙他們（下一章會再詳談這部分）。

成功的經理人是要培養出團隊的自主效能，讓成員相信自己有能力，設定高目標並在面對障礙時能堅持下去。

不懂如何以策略性的角度來做事的經理人，才被雜事拖住，這是他們才會有的行爲。如果有必要，先空出一段時間，想一想你應該要改做哪些事以及要如何尋求支援。

不要抱怨工作負擔、其他部門、系統、客戶、主管，現在的你就是要成爲典範的人。經理人應該是團隊裡最冷靜、最正面、最有條有理的人，即便要擔負更多責任，也應營造自己游刃有餘的氣氛，可以晉升到下一階段。

第二步：你是領導者，請管理

全心投入你的經理人角色，不要逃避。「經理」不是因爲服務年資久而獲得的職稱，要扮演好這個角色，你需要培養新技能組合、養成新的行爲以及新的心態。加油。

起點是，要有明確清晰的工作說明書以及關鍵績效指標，確保團隊裡的每一個人知道自己的職責何在。

人一開始都是沒有經驗的新人。不要浪費時間，擅自假設新人知道自己該做什麼，也不要期待他們能讀懂你的心思。

我們鼓勵經理人要擔負輔導教練的責任，但是，如果你的成員連自己要做什麼都不知道，你就沒有辦法輔導他們。你必須教會他們。當成員培養出技能，你也了解他們的優勢、劣勢和特殊之處，那麼，就可以開始指導他們自行思考，想出要如何改善自己的表現。

一開始，請告訴他們要做什麼，並讓他們知道你希望他們怎麼做。我看過太多人之所以失敗，是因爲他們被交付工作之後就沒別的了，他們走錯方向，花了太多時間才能順利進入情況，在第一次評鑑時驚覺自己的績效並未達標而大感意外。

當你剛進入職場時也沒人幫過你，是嗎？你可以替自己找出一套可行的方法，不代表別人也可以。你也要訂下明確的指引，規定個人手機的使用、工作時間、溝通標準、預期的行爲、開會禮儀等等。不要用被動攻擊或諷刺挖苦的態度來管理，你只要坦誠地說明你要什麼並以身作則即可。

人會尊重願意質疑、激發與感謝他們的主管。當然要對人好，但是他們也不期待你和他們成爲摯友，他們希望的是你敦促他們培養技能，最終能達成他們的事業發展目標。

第三步：提供充分的回饋

回饋應該是日常對話的一部分，而不是在評鑑時才一次講完。我說的不是泛泛空談稱讚人家「好棒」的那種回饋，而是要說清楚他們哪些部分做得很好，讓他們可以重複展現好的部分。

- 「我非常滿意你處理費用協商的作法，你充分指出服務的每一項元素，好讓對方知道自己得到什麼。」

當你稱讚人時，不要用老式的三明治回饋法（先稱讚，中間夾入你要傳達的訊息，再以象徵性的正面語調作結），不然的話，對方永遠都會把重點放在「然後」的那部分。直接跳到重點，直說你想對他們說的話。

如果你定期提供正面回饋，那麼，負面的回饋意見就不是什麼大事：你以善意提供這些回饋，重點是在行動／行爲，而不是針對人。談他們做的行爲，永遠不要去講他們的人格特質。

鼓勵傾聽、內省與學習：

- 「下一次如果我們又碰上同樣的問題，我們可以怎麼做，以便用更高的效率得到成果？」
- 「你認爲我們要怎麼樣才能提高表現？」

也請別人對你自己的表現提供回饋：

- 「你還需要我在哪些地方提供更多協助？你目前在哪些地方已經不那麼需要我幫忙，可以多放手讓你去做？」

如果你都用善意來溝通，對話不一定那麼「難以啓齒」；通常討論的是專業上達成的成果。絕對不要批評人。要具體說出你希望對方改變的行為，並及早防微杜漸：

- 「我注意到你已經連續兩次在開團隊會議時遲到，我們能不能談一下這件事？」
- 「你像今天早上這樣帶著宿醉、脾氣暴躁來上班，會對大家的心情造成不良影響。你的私人時間要做什麼事由你自己決定，但你要來上班時，務必展現專業。好的，我們繼續吧。」
- 「我看到你在簡報時讀電子郵件，這讓我覺得你不是很投入。是這樣嗎？有什麼事嗎？」

如果你團隊中已具備技能的老練成員生產力下滑，那就要盡快處理，以免問題惡化。告知他們你已經注意到這件事了。他們是壓力太大嗎？是工作以外有什麼問題嗎？還是，他們已經覺得很無聊，需要一點額外的刺激？

如果即便你已經介入，他們的表現仍持續下降，那就要和人資部門的人談一談，進行績效評鑑流程。不要把頭埋進沙堆中。有時候，做錯決策也比什麼都不做好。

第四步：畫出界限

如果你一直被干擾，就無法完成自己的工作，所以，請制定流程，確認你的直屬同仁不會劫持你的時間。早上先問問他們，完成工作所需要的東西是否已經備齊。如果你還沒有辦法百分之百信任他們的能力，請在當日稍後安排查核時間（「午休之前，我們先用五分鐘談一下進度」）。這樣一來，你（以及他們）應該能在不受打擾之下安排時間去做該做的事。這不是微觀管理，這是輔導與鼓勵。

如果有誰習慣打擾你，很可能是因爲你給他們的訓練不夠，或是沒有和他們一起訂下標準。他們很可能太過仰賴你的認可。雖然聽起來很違反直覺，但如果你在合適的時間快速、非正式和他們談一下，將能替他們建立起自信心，也能讓你可以有更多時間遠離他們。仿效診所的時段設定（「如果你需要我提供參考建議的話，我每天下午四點之後有空」，你就可以阻斷持續而來的探詢；分批處理這些人，不要一直受到打擾。

最後，不要覺得你一定每件事都要有答案，或者認爲你最知道要用什麼方式來做別人的工作。你的角色是帶動他們思考，不是替他們思考。出色的經理人知道自己的優勢何在，會針對自己的盲點徵詢回饋，當他們有所不知或犯下錯誤時，也不懼於承認。

現在，你知道管理員工的戰術了；讓我們來確認你管理的工作流程，現在也該學學割草機式管理的原則了。

19 割草機式管理

- 你花多少時間主動管理員工？
- 你如何設定與傳達優先要務？
- 你想從團隊成員身上得到什麼？他們都知道嗎？

我們都認識一些過分干涉子女生活的父母。他們會替家中的小可愛清理好未來要走的路，排除任何可能阻擋孩子成功的障礙。他們過度參與孩子的人生，替孩子做功課，控制孩子的時程表，過度監控孩子的活動，在最極端的情況下，還會對孩子的老師施惠。家長的出發點是好意，這無庸置疑，但他們伸出手，不讓孩子去體驗人生必須經歷的挫折與失敗，阻礙他們長成具抗壓韌性、好好發揮才華的大人。

這種教養很糟糕。

但，經理人在管理時多多少少都應該這麼做，我稱之爲割草機式管理（Lawn Mower Management）。在經理人要做的工作中，最重要、但最常被忽略的一項，是「清理路徑」，這是指，經理人要管理工作流程，讓員工每天都有一點進步，朝向完成自己優先要務的目標邁進，讓員工能繼續去做他們該做的工作。

工作上最強大的一項動力，就是能穩定地朝著完成工作的目標邁進。勾掉待辦清單上的項目，會讓人很亢奮。

同樣的，最讓人喪氣的一項因素，正好就是進步的反面：在努力的路上不斷遭受阻礙，以致於無法完成工作。

研究人員指出，持續且穩定的進展勝過任何其他激勵動機，比方說財務誘因或員工福祉方案。

哈佛的研究人員泰瑞莎・艾默伯（Teresa Amabile）和史帝夫・克瑞默（Steven Kramer）分析了七家公司、兩百三十八位員工提供的近一萬兩千條的日常紀錄，以理解經理人每天如何帶動進展與強化動力。本研究發現，對於人們職場生活影響力最大的單一因素，是每天的小小成就。

在這兩位研究作者收集到的成千上萬條日常紀錄中，這種小進步是成功的共通因素。實際上參與研究的經理人，卻將其列爲最不重要的促進因素之一。當我問起經理人他們自認最重要的職責是什麼，多數人也都會先把其他的事情拿出來講。

這樣你就明白了。你如果想要提高生產力並培養出高度的團隊滿意度，你要做的就是幫助成員做好他們的工作！替他們把路徑清乾淨，你的管理技巧就能拿到頂尖的回饋評分。

如果工作流程中處處都是瓶頸，你不管實行哪些干預手段以提振士氣，都毫無意義；如果可以省下這些事，想想看你可以省下多少錢？

你要如何清理路徑？

從現在開始，促進成員有所進展應該成爲你的第一要務，這表示，在你努力處理小事的同時，也要放眼最終目標：

- 掃除障礙。
- 加速決策。
- 移除造成麻煩的流程。
- 防止無謂的重複勞動。
- 杜絕浪費時間。
- 打破各自爲政。
- 強化溝通。
- 加強會議架構。
- 培養出運作更爲良好的團隊，但維持個人層面的溝通。
- 打造適合用於達成目標的系統。

很多出於善意的管理活動反而拖慢了進度。你身陷忙碌，你沒有時間傾聽或規畫。放任問題惡化，已經證明會讓人喪氣。之後，我們還要浪費更多時間來管理不振的士氣，而不是修正眞正造成問題的原因。

你要求成員每週提出哪些活動報告？你會讀嗎？他們要花多少時間寫完？你可不可以用更快的辦法取得資訊？你有沒有問過寫完報告的成員他們要如何自我改善？

你要如何才能激勵團隊

- □提出一套他們認可的策略。
- □提供明確的工作說明書，讓成員知道自己對於這套策略有那些貢獻。
- □要有清楚透明的績效衡量標準，讓大家知道「我有沒有把工作做好？」
- □要有公平的薪酬制度。
- □提供適當的資源。
- □設定合理的期限。
- □培養成員的技能，尤其要針對新系統提供培訓。
- □要有共有、眞誠的價值觀。
- □打造高效率的系統與流程；愈簡單愈好。
- □提供心理上的安全感：讓員工知道背後有主管當靠山。
- □提供不受干擾的思考空間。

做到這些然後勾掉，之後就別阻擋他們，放手讓他們做到最好，在合理的時間下班回家，隔天開開心心、煥然一新來上班。就這麼簡單！

現在，你已經清乾淨前路，打造高生產力團隊的下一步是培養信任，給成員心理上的安全感。

20 有信任才會有績效

- 你的團隊成員是否覺得你永遠都會支持他們？
- 你是一視同仁還是有自己最偏愛的成員？
- 你是否認爲嘲笑譏諷是展現聰明的方式？
- 你是否言行一致？

二〇一五年，Google發表一項長達兩年的研究，結果指出是哪些因素讓出色的團隊能成功。聘用最聰明的人才、爲他們設定明確的目標與交付有意義的工作，是顯而易見的關鍵；然而，在清單上名列前茅的那個因素很可能讓你大感意外：心理上的安全感。如果你希望團隊表現出色、有生產力，就要在團隊間營造心理上的安全感。

心理上的安全感「是一種信念，相信自己不會因為說出想法、提出問題、表達憂慮或是犯下錯誤而遭到處罰或羞辱」。

——艾美．艾德蒙森（Amy Edmondson），哈佛商學院教授

發展出「心理上的安全感」概念的艾美．艾德蒙森也和 Google 一樣，發現犯下愈多錯誤的團隊事實上愈成功。營造一個讓人覺得安心的環境，讓人願意承擔風險與偶爾能夠搞砸事情，是孕育創新的關鍵，最終能帶動更高的績效。管理者都希望成員踏出舒適圈，要做到這一點，他們要相信自己不會因爲犯錯或是點出了可能的危險而受到懲罰。要做到不但不會懲罰他們，還要積極鼓勵他們站出來、大聲把話說出來。

你可以利用以下的方法，在團隊中營造心理安全的氣氛：

1 建立開放的溝通管道：定期探問（而不是查核）以掌握團隊進度，讓大家知道如果他們碰到問題你會聽。當你有時間時，可以到處走一走，問問看：「現在情況如何？」鼓勵大家承擔責任，深入和他們聊聊，看看他們目前的工

作進度到了哪裡。一定要傾聽他們的心聲，不要一直等著輪到你講。先自問你的觀點是眞的很重要一定要說，還是你可以放在心裡就好。通常是後者。你正在培養的是他們對你的信任，而不是你的自尊。

2 絕對不可嘲弄挖苦別人：眞心鼓勵成員提出點子，絕對不要在會議上批評奇特的想法。「這也算是一個點子啦，還有沒有？」這種諷刺的話很輕鬆就可以引來笑聲，但是會阻絕創意與信任。要以開放的態度看待與你的想法不合的構想。

3 制定開會禮儀：開會是眞正展現心理上到底有沒有安全感的場合。訂下尊重人的界限：要傾聽每一個人的聲音，要看著發言的人（這是我的痛點），不可打斷彼此，不可看手機。

4 直接面對問題：不要逃避壞消息，盡可能去找最精準的訊息，分析原因，修正問題，然後大家一起變更流程。讓團隊知道要如何從失敗中學習，也要讓他們渴望學習。工作上最美好的時刻，就是我們克服挑戰並從中學習。

5 不要針對人，重點是工作而不是人格特質：不要偏愛誰，也不要散播流言，更不要公開權謀。聚焦在交付的工作成果要盡量達到最高標準，並著重每一個人的貢獻。要客觀。針對行爲和表現給予回饋，而不是人格特質。

6 承認自己的錯誤與脆弱：在這方面，依然要以身作則。你也會犯錯。你可以提出以下這些問題：「你能不能再替我確認一下相關事實？這樣我才不會漏失任何重點。」、「有沒有什麼是我現在看不到、但是到專案快要結束時會很明顯的問題？」以及「我在這件事情上有什麼盲點？」

下是你不能做的事：

我的第一份工作是招募人才，當時我和兩位同期新人被派去總部受訓。當我們回到辦公室時，我們的主管眞的就是在門口等我們，準備譴責我們：「居然承認自己還有些事情不知道。」她忿忿地說：「以後絕對、絕對不可以再這麼做。」顯然，之前她已經因爲我們在知識上有落差被別人叫過去罵。我到職兩個星期，信任就永遠蕩然無存了。這家公司花了大錢辦理國際大型研討會、提供公務車，還有設立了獎酬激勵系統，但其實只要他們營造一個開放的環境，就能讓我們這些員工更努力了。

21 重申職場就是做實質工作的地方

- 你的辦公室是否很吵雜，讓你根本無法專心？還是，辦公室太安靜了，你大可安心講電話？
- 你在辦公室裡有多少時間可以不受打擾？
- 這是不是你重新設計工作方式的好機會？

多年來，領導團隊相信，營造有趣、有大學校園氛圍、開放式辦公室的文化，是達成員工滿意度、從而提升生產力的關鍵。

我拜訪有運動設備、背景播放音樂或新聞的辦公室，有無窮無盡讓人分心的事物，開放空間的規畫導致人們不斷彼此干擾。到處都有稀奇古怪的零食。

員工會聊天，但不會談話。你是否曾有過這種經驗：坐在你對面的同事發了一則訊息給你，問你有沒有收到他五分鐘之前發給你的電子郵件？眞是夠了。

一星期上班五天的慣例，或許已經成爲過去式，但我們還是要營造適當的實體辦公室空間，讓員工更容易聚焦。

有些企業組織試著鼓勵員工自省，提供比較安靜的喘息區或是休息艙，但員工告訴我，他們在使用這些設施時會覺得很愧疚，覺得自己太放縱了。

我們是「知識型工作者」，要靠著思考賺錢，很可能還要專攻某些專業。如果沒有腦袋放空時段好好思考，那不是瘋了嗎？請挪出這樣的時間！

我並不認爲，回到職場上分成大辦公室和高級主管專屬辦公室那種階級分明的時代會比較好；但是，目前我們的工作方式也不太有效。我們現在都太偏重「陽」的那一面（喧鬧、熱情、動力、積極），卻少掉了「陰」的這一面（成長的空間、冷靜、避靜）。

只玩樂不工作

開放式辦公室「文化」會提供一些設施，比方說冰沙飲料、桌球、啤酒、音樂和職場瑜珈，這些事物只能帶來保健因子（hygiene factor；譯註：雙因子理論指員工的滿意度來自兩類因子，激勵因子才能激勵員工，提高產能與工作滿意度。保健因子沒有激勵作用，只能預防不滿）的效益。你的重點是要管理工作流程。也許你的座位就在團隊成員的對面，但你真的知道他們在做什麼或是他們做的好不好嗎？

現在，我們該來破解部分「努力玩樂」的迷思了。要讓員工「努力」工作如今已成一大問題，如果你不信的話，可以問問別人他們每天要完成優先要務有多麼不容易。

我們之前已經看到，要提振生產力，基本原則之一是要提供空間，讓人（包括你和爲你效命的團隊成員）可以每天都進入心流狀態從事最深度的工作。我們並不需要營造節慶式的經驗，播放迷幻電子音樂、執行特殊宗教儀式或是其他改變心態的技巧，但，你必須要營造適當空間，容許人們在職場上也能進入心流狀態，而不僅限於在家時。

在持續出現干擾、存在多重數位管道的吵雜、開放式環境下，不可能進入心流狀態。因疫情而實行種種維持社交距離的措施，讓我們有機會重新設計職場。

我的意思不是叫你要樹立起辦公隔間的隔板，我想說的是，領導者可以採取一些介入措施以營造適當的空間，讓員工更容易就能在職場裡做實質工作。

水龍頭一開就有康普茶可喝或是虛擬音樂賓果活動等等，都無法修正生產力或是敬業問題，這些只是有趣的消遣而已，眞正的解決方案是要釐清目標、培養技能與建置適當的系統與流程，並清出路徑，讓員工可以心無旁騖達成目標。身爲經理人，你要負責營造這樣的空間並確實釐清目標，假設每個人每天早上來上班時想的都是要好好工作，你要移除任何阻礙他們達成目標的絆腳石。坦白說，你得勇敢堅定才能辦到，但他們會爲此感謝你。你是他們的主管，就請你好好管理。一開始請先建議他們把手機拿開；如果你必須把這事怪在誰頭上，怪我好了。

還記得泰瑞莎・艾默伯做的研究嗎？你要讓來上班的團隊成員每天都有一點一滴的進步，朝著目標邁進，就這樣。如果你能做到這一點，你就能有鬥志昂揚、敬業投入、開心快樂、健康強壯、生產力高的員工。讓他們躊躇滿志來上班，把工作做好，然後下班。人愈是能重新充電，培養出閒暇嗜好、過著美好人生與享有穩健的人際關係，創造力和績效就會愈高。就像經濟學家講的，要帶動經濟，人也要出去花錢，道理一樣。

要改變什麼？

我們已經看到，未來我們的工作將會是活動導向，那麼，遠端工作就會變得更可接受。員工來到職場上班，爲的只是要和彼此溝通。

因此，你要打造同事支援系統：一起吃飯，討論如何強化工作流程，做事前先分析並在完成後做檢討，納入規畫時間，尋求支援與建議。

清除路上任何妨礙成員做好工作、擁有美滿人生的障礙，包括執行失當的大型研討會和在外部進行的策略性會議。

我有一大部分的收入來自於在大型研討會談瘋狂忙碌，因此，我很希望爲企業組織帶來價值，以對得起這份酬勞。

你參加過多少次根本是浪費時間的研討會？你可能在會場上發了幾張名片，但就沒別的了。

如果你規畫要在外部辦一場會議，帶著團隊成員與他們的眷屬出去走走，那麼，請珍惜每一分鐘。

把你的外部會議辦到引人入勝。

帶來實質、持續的效應，創造能發揮持續影響力的「引人入勝」成果，是身爲講者的我以及研討會主辦單位該負起的責任。「要啓迪人心」或是「讓他們吃過午飯後能活躍起來」我都做得到，但還不值得花費我請款單上的金額，還有，更重要的是，不值得把人們從他們的日常工作中帶出來。

要訂下明確的目標。我一向要客戶告訴我，他們希望在我演講之後看到哪些變化，以及要如何將這些納入外部會議的主題當中，例如減少瓶頸、溝通更明確、提升創新以及如何落實執行長列出的新策略目標等等項目。在舉辦活動之前一定要詳細溝通主題。

並不是活動辦完之後就沒事了，一定要有追蹤計畫，確認有好好追蹤變革並維繫，也必須要有人負責帶動追蹤變革計畫。如果少了這些，等到大家再度回到現實生活中，聚在一起的效益很快就消失殆盡。如果你沒有打算辦一場真正強而有力的異地會議，那麼，就改成舉辦常態性的團隊活動，請不請外部講者都可以。如果你讓每一個人的聲音都能被聽到、一次處理一個問題並鼓勵前線的人提出解決方案，這種活動還蠻有效的。你可以拿辦理大型研討會的預算來聘用出色的主管助理，幫你做好行政工作，替你爭取更多腦袋放空時段與領導時間。

最後，要嚴謹選擇強化團隊「凝聚力」的活動。我有一位客戶就說了：「出去打一天漆彈不會解決我的問題，只會讓我更擅長打漆彈。」

22 辨識代表職業倦怠的警示訊號

- 一日將盡時你是否會覺得「耗光了」？
- 你是否覺得自己愈來愈憤世嫉俗、吹毛求疵？
- 你有沒有把年休都休完？
- 放假時你有多常去查電子郵件？
- 你會不會因爲在裁員行動或強制休假方案中沒有被點到名而暗自失望？

我們都要警覺出現在自己或同事身上的早期倦怠徵兆。瘋狂忙碌到最後，就會產生職業倦怠。即便我們自認爲已經克服了這個毛病，但一旦我們處於壓力之下，忙碌的老習慣很可能悄悄纏上身，再度接管一切。

何謂職業倦怠？

職業倦怠是一種「耗竭狀態」，到了那時，我們會覺得撐不住、整個人耗盡，身心俱疲。

我有一些客戶一直在負擔無法長期繼續下去的工作量，一年裡能讓他們繼續活下去的，只有對假日的盼望。這能算得上是一種生活方式嗎？

當然不是，原因如下：壓力會殺人。當你在心流狀態下工作或是勾掉待辦清單上的任務，大腦釋出的多巴胺會讓你有美好的感受，生活中持續存在的壓力則不然，反而會耗掉你的時間。

《心理老化期刊》（*Journal of Psychological Ageing*）發表一項研究，得出的結論是在幾年內持續經歷中度或高度壓力生活事件的男性，死亡率會提高百分之五十。他們研究了近一千位中產階級與勞動階男性，從一九八五年到二〇〇三年為期十八年。所有受試男性在一開始加入研究時，健康狀況都很良好。

研究人員發現，一般來說，只有一些保護因子能對抗較高的壓力：自認為很健康的人多半壽命較長，已婚男性也過得比較好（他們不會去過問妻子的狀況）。適量飲酒的人也比不喝酒的人更長壽。

這是第一次有研究直接將壓力與死亡率提升連結在一起。低壓族群一年平均經歷兩件或更少的重大生活事件；相比之下，中壓族群一年平均經歷三件大事；高壓族群則可多達六件。

本研究最讓人意外的結論之一，是中壓與高壓族群的死亡率不相上下。一年如果經歷超過三件壓力事件，就變成一大問題。

隨著年齡增長，我們更無法逃離生活中的壓力事件：要擔心兒女、經濟責任、老邁的雙親、自己的健康隱憂等等。有些人變得非常焦慮，很容易展現壓力反應。

治療你的瘋狂忙碌，可以幫助你避免、或者至少更能面對可預測的壓力事件。

你能否減少壓力觸發因子？

一年內，你會因爲工作之故經歷多少潛在的壓力時段？工作上總有些意外的突發事件，但有沒有一些是你可以主動緩解的？請寫下來。

你是否因爲對自己要求太高，導致這些事件對你造成更大壓力？請寫下你的想法。

你要如何減緩壓力？比方說，你是否可以：提升計畫品質、加強管理工作流程、及早針對利害關係人做溝通、強化協作與工作交付？

是抑鬱還是職業倦怠？

你怎麼知道你是因爲工作而精疲力竭，還是沮喪抑鬱？抑鬱的人會帶著自己的愛狗走天涯，但職業倦怠的人則會被囚禁在工作中。離開辦公室（或是你的主管），去爬爬山、海邊走走或是任何你可以紓壓的地方，讓你重新充電並找回好心情。

雖然我眞的認識一些過勞的人，但明顯之至的事實是任何人都不應該職業倦怠，你要休息然後再回來工作，重複這樣的模式。不管是從事業、心理、生理或家庭角度來說，過勞都是一件瘋狂的事。

如何看出職業倦怠

兩個徵兆可以透露出職業倦怠的端倪：

職業倦怠徵兆一：生產力下滑

高薪聘來的績優人才再也拿不出高表現，這指得可能是你，或是你的團隊成員。這些人可能工時更長，但是工作成果的水準卻愈來愈低。請和他們談談，說你已經注意到其中的變化，問問看對方是不是有什麼事。有可能他們只是覺得很無趣、想要擔負起更多責任；或者，也有可能是工作量和他們自己想要對卓越的不懈追求已經讓他們不堪負荷，這些都是指向職業倦怠的預測指標。輔導他們好好管理職務上的要求以及他們給自己的壓力。

職業倦怠徵兆二：憤世嫉俗

當一個人在辦公室感到痛苦以及被種種數位干擾纏身，就會出現不同形式的憤世嫉俗，從對於工作愈來愈漠不關心，到完全消極看待工作能產生的影響力。

你可能會聽到過去向來正面樂觀的人居然開始挖苦嘲弄顧客、其他團隊成員、其他部門或資深管理階層：

- 「重點在哪裡?反正這裡也不會有任何改變。」
- 「我不介意要教書，把事情搞砸的是家長和小孩。」
- 「別又是他!這次他又想幹嘛?」

防範職業倦怠的策略

找回界限

就像我一直在講的，如果員工每天都能有一點一滴的進步，朝著目標邁進，這些人就會變成最快樂、最有動力的人。就這麼簡單！

要讓他們能完成有意義的工作，你則要負責提供明確的職務說明、目標、衡量績效指標、期限、培訓以及所有他們需要的資源。

請跳上你的割草機，清理路徑讓他們可以好好把工作做好，然後就不要再妨礙他們。

假裝不見得有用

我之前已經談過，動手去做該做的事可以讓我們不去管心情好不好，有的時候，要求自己笑一笑，就可以讓我們覺得充滿動力。然而，一直假裝自己的情緒很正面是一種「淺層表演」（surface acting），會造成傷害。

負責端茶送咖啡的服務人員已經疲累，還要強迫自己對顧客微笑、把自己的情緒收起來，這會提高職業倦怠的風險，此人也很可能盤算著要離職。我常看到這種事，比方說發生在人力資源管理專家身上，身在非營利事業組織和國際業務發展等任務導向環境下的客戶，也有這種情況。他們都忙著照顧別人，承擔別人的問題，卻沒有照顧到自己的需求與情緒。請找回你自己的界限，照顧自己是必要的。

孤立與職業倦怠

新冠疫情期間，很多人都發現自己通常很正面的情緒變得忽上忽下。了解我們能控制哪些、不能控制哪些因素，可以緩解一部分壓力；四處走走、離開螢幕，也可以找回一些能量。就算只是換一把椅子，或是站著講電話，都可以有一些不同的感覺。

我第一次覺得自己很有可能發生職業倦怠，是二〇二〇年八月疫情期間在家工作（其實應該說是在工作中過日子）之時。我的症狀相對輕微，但是嗶嗶叫的警示聲確實是一記警鐘。我那時眞的忙到瘋掉了（這還眞是一種有趣的諷刺）。

這麼多年來，我在這方面累積了好多資訊，照理說我應該更了解怎麼做，不至於忽略我的安全網、尤其是我的社交連結。我是外向的人，這表示，和別人相處能提振我的活力；內向的人則靠著安靜自處來找回活力（內向跟外向無關乎你在派對上的地位，無涉於你是開舞的人還是總是搶著洗碗的人；那是錯誤的概念）。

不管你在內向/外向的分法當中站在哪邊，每個人都要靠著社交關係繼續向前邁進。獲得歡愉和活力的祕訣很簡單，僅此而已，哈佛成人發展研究中心（Harvard Study of Adult Development）的教授羅伯·瓦丁格（Robert Waldinger）做的研究證明了這一點。此研究期間超過八十年，結論指出親密關係更能讓人一生幸福快樂，勝過金錢、名聲、物質或工作職銜。人際連結保護我們不至於對人生不滿，有助於延緩身心的衰退，也比社會階級、智商甚至基因更能預測出你是否能長壽幸福。不管是接受調查的受試者，還是一般的市井小民，這番結論都全面適用。

就是因爲這個理由，因此，即便不用通勤能帶來好處，在家獨立工作對我們來說仍並不是好事。就算你有一大家子，在家工作可能還是會讓你覺得很孤獨。我們必須更加努力找出社交策略，主動緩解這種孤獨感。

好了，現在說回我的故事。

那時，我要照顧的客戶特別多，每一個人都在想辦法掌控遠端工作的壓力，並維持自身運作順暢。由於這份工作，再加上我想要幫忙，當我和客戶一起合作時，得到了很多能量（對，我的潛在關係成癮問題在壓力之下會跑出來），我也因此做過頭了。

有一天，我的大腦突然就不動了。我當時正在讀一份文件，不是〈北愛爾蘭和平協定〉（Northern Irish Peace Protocol）這種冷硬艱澀的文章，但我還是一個字也讀不進去。文字在我面前游來游去，我完全無法聚焦。對於像我這樣的控制狂來說，這種事太可怕了：我是不是已經開始失智？這會是長期的嗎？如果我的腦子是一團迷霧，我要靠什麼營生？我的非理性大腦開始動起來，開始想像大災難就要發生了。我的心理問題以生理的症狀表現出來：我的生理問題，是壓力在自我表達。

我把辦公桌清乾淨，讓自己休息幾天，之後我重新安排工作，在行事曆上更平均分配輔導與演講的時段，在工作之間也挪出更多留白時段，讓我好好做準備。我拒絕了我並不想接受的合約，此舉讓我覺得棒透了。雖然以財務來說這是「錯誤」的決定，但這讓我能重新掌握人生方向。

我提醒自己最重要的東西是什麼。「想辦法賺最多錢，希望沒有人注意到我的工作做得很爛」並不是我信奉的價值觀之一。

我非常幸運。我是自雇者，而且我知道如何快速扭轉局面。感謝我的狗、我的朋友和我的家人（顯然，我沒有特別排序）。當你的企業組織把重點放在人有沒有出現與有沒有賺到錢時，會更難把照顧自己放在前面。

領導者，要以身作則

如果你要管理其他員工，那你就要在高績效與健康績效這兩方面都做表率。你必須照顧自己，並能看出是不是有人做過頭了。如果你陷入開不完的會，因爲你沒有時間好好談就改用罵的，過度承諾但交出去的東西達不到品質、還要超長時間工作，那你就沒有時間往後退，傾聽了解你自己或你的團隊發生什麼事了。

你需要冷靜的腦袋留白時段，從策略面來思考，並防微杜漸以免問題更加嚴重。不要等到團隊裡有人請病假或辭職時才有感，請注意相關信號。

管理壓力

如果你發現有人的壓力高漲，那麼，請去找找看觸發他們的壓力開關是什麼，幫助他們發展出因應策略。壓力管理專家史蒂芬．帕麥爾（Stephen Palmer）說，「當你認知到的壓力超過你認知到的因應能力時」就會出現緊張壓力。請注意「認知到」這個詞。

我們對於自己因應不同壓力因子的能力，都有不同的認知。我在眞正的危機當中很冷靜，但是在某些很戲劇化的場面中就會抓狂，比方說有人喝完牛奶卻不講。我那時的心聲會是：「沒有人尊重我，沒有人支持我，他們都不知道我工作有多辛苦，我什麼都掌控不了」，諸如此類的無理取鬧，但這確實會觸發我的壓力開關。

我們的心智以無用的想法引發了壓力。冒牌者症候群（imposter syndrome）指的是我們覺得自己不夠好，好像是冒了別人的名才擁有眼前的一切，這種想法會讓本來可以應付裕如的任務變得更艱難。

工作環境也會引發壓力，例如，彆腳的經理人提出不合理的要求，也沒有提供做好工作的適當方法。

到底是哪一種？把這些問題通通丟進包羅萬象的「壓力」資料夾中，並不能解決問題，只是用OK繃把問題貼起來而已，等到當事人又回到工作崗位，問題依然存在。這麼做，也暗示了員工本人也有錯：是你的抗壓韌性不夠，無法應付壓力。這是一種沒有說出口的污名化。

治療疾病，而不是徵狀

和同事聊聊，幫助他們找出眞正的問題。是哪些觸發點讓他們感受到壓力？給他們支持，幫助他們應付壓力。他們需要的是更多的時間、訓練還是照顧？進行一次腦袋放空時段稽核，可能有助於攤開問題；很有可能，壓力是因爲他們試著在太短的時間內做太多事。

問題在你身上嗎？

我遇過太多造成壓力的經理人。有一位在以瘋狂忙碌爲題的一場活動上說，他們公司的創意總監唯一有創意之處，就是創造了一長串電子郵件交談紀錄。這不是很好笑嗎？

以下提醒你幾項割草機式管理的最根本重點，你也可以倒回去看本書前面的部分：

- 接受適當的培訓，了解管理工作流程的瑣碎細節。
- 只召開必要會議，遵循議程，不要放任任何人大放厥詞。
- 向下賦權、向上管理、回絕、重新談判與拒絕，這些都是重要又基本的領導技能。

• 不要在下班後發電子郵件（你可以存在草稿匣裡，如果你一定要寫的話，你可以使用排程傳送功能），或者不斷調整已經不需要調整的工作（那份簡報投影片已經做得很好了）。

如何讓自己更強大？

沒有人可以隨傳隨到或是永遠守在螢幕前面，有人類以來至今十萬年，我們還沒有演化到這種程度。人本來就是要動、要建立關係、要有生產力，而不是靜止不動。

少做一點，多想一點，這樣你會更有價值。你很少在辦公室裡想出最棒的概念。就像瑜珈老師譚雅．布朗（Tania Brown）說的，要讓你自己「更強大」。鼓勵員工休假、運動、好好呼吸。在工作以外找到能爲你提供養分的業餘嗜好或其他挑戰。和團隊或家人好好共享一頓午餐，品嘗美食。不要濫發電子郵件。四處走走。找到對你來說有用的自我照護策略，並利用PIMP原則納入行事曆中；你的健康應該是你的第一要務。

23 別讓瘋狂忙碌霸凌你

- 你的主管會不會對你的工時有過分的要求？比如，早上七點在車內打電話給你，三更半夜發電子郵件給你，把期限定在周末，還常常逾越你的工作與生活的界限。
- 你是不是懷疑你被賦予這麼多責任害你要忙到瘋掉，是一種預設的耐力測試？
- 你是不是不太敢提出心中的疑慮，因爲你必須用如履薄冰的態度面對你的主管？

多數治療瘋狂忙碌的方法都是我們能掌控的：設定優先要務、管理排程、堅毅果斷、堅守紀律。

本章設定的讀者，是那些懷疑有問題、感到隱約不對勁的人。通常他們會覺得自己是問題所在，而不是那些提出無理要求的人，因此他們不會講出來。繼續讀下去，如果這讓你心有戚戚焉，請採取行動。瘋狂忙碌霸凌就和所有欺侮虐待一樣，你很難拉自己脫離那樣的情境，但你一定要這麼做。

你是被迫要接受瘋狂忙碌的時程安排嗎？

如果你向主管提出你的問題，結果你根本無法和對方進行建設性對話以提升生產力，反而會飽受批評譴責？如果是，你很可能就是職場霸凌的受害者。

這一章正是爲你而寫。

這種事通常是這樣發生的：

你進了一家企業組織，效命於一位極有魅力、績效絕佳而且強大有力的領導者。他讓你覺得自己很特別，也很努力讓你能夠融入，共享他們的雄心萬丈未來願景。你受寵若驚，甚至有一點意外，希望他的光芒有一些也能照耀在自己身上。

起初什麼都好，但等到你一切就緒上手之後，你的直覺告訴你有些事情有問題，你不能精準指出是什麼，如果說給別人聽，很難不讓對方覺得你是不是神經太過敏感了，但你開始被這種感覺吞噬。

- 主管的心情開始難以捉摸，你不知道他會怎麼樣回應你。你不想報告壞消息讓他不高興，你覺得你不管做什麼他都不滿意，你的成果永遠都不算太好。你也沒辦法改善，因爲主管並沒有給你回饋意見，沒告訴他希望你有哪些不同的作爲。
- 有時候，你發現你講出來的構想是對的，但因爲你的主管把這些功勞都攬在自己身上了。如果你挑明了講，對方就會激怒你，指責你太敏感或是太不注重團隊。
- 主管會百般寵愛團隊裡最新的成員，在此同時，也開始貶低你做的工作，而且很可能公開這麼做。
- 主管對你的時間有不合理的要求，有太多會都叫你去開，還要隨時待命。
- 主管把自己犯的錯推到別人身上，對於其他人也有兩極的看法：一個人要不是完美無缺，要不然就是被描寫成廢物／惡魔／敵人。要不然就跟他一國，不跟他一國的就是敵人。離開這個團隊的人都會被排擠，你不敢跟他們有所聯繫。
- 主管記得的情境和對話前因後果和別人完全不同，根本是竄改了歷史。你開始質疑自己，不斷地去想「是我的問題嗎？」

• 主管開始對你視而不見，把你排除在專案之外，重要會議和電子郵件的參與者名單上也沒有你。

• 如果受到質疑，主管會否認，還嚴詞批評你的行爲，甚至暗示是你霸凌他。這是很典型的「煤氣燈操縱」(gas-lighting)（譯註：得名於《煤氣燈》一劇，劇中的丈夫故意調整煤氣燈的開關，讓妻子誤以為自己精神失常）。

• 其他人都把這位主管視爲偶像，不停讚賞他，你擔心自己會瘋掉。

• 你請了病假，這對你來說很不尋常。我最常聽到的徵狀是肌肉痠痛、偏頭痛和消化道問題，但是壓力會以很多方法表現出來。

• 你發現自己很難向前邁進，因爲你渴望獲得主管認可。你希望，如果你繼續取悅他，有一天你會受到肯定。

• 長期下來，隨著你的自尊愈來愈低落，你覺得愈來愈丟臉。你在想過去那個積極進取、雄心萬丈、正面樂觀的你，到哪去了？

不是你的問題！

如果這些情況你聽起來很耳熟，那麼，你要知道有問題的是主管，不是你，你效命的對象很可能是自戀型的主管。男性比女性更常有自戀型人格障礙（narcissistic personality disorder），但也有一些孤芳自賞的女性。

這種情況比一般人想的更常見，但因爲受害者覺得太丟臉，根本不會說出口。我輔導過很多在自戀型主管手下撐過來的人，即便他們離職之後，毒性仍持續對他們的事業生涯和自信心產生強烈作用，直到他們理出到底發生什麼事並重新畫下界限才結束。一般認爲，自戀型人格障礙的人在總人口中約占不到百分之一，高功能的自戀型人格通常很成功、野心勃勃，因此他們常常位居資深領導地位或是成爲創業家。多數人都沒有受到正式的診斷，而缺乏自我認知與同理心是他們的正字標記。

顯然，我們當中有很多人都有一點很健康的自戀傾向，這些特質讓我們能敦促自我向前邁進，撐過在企業裡工作的生活。然而，如果你效命的主管是一位貨眞價實的自戀型人，你很可能會陷入極端不愉快、情緒上受人虐待的關係當中。如果你經歷過這種事，你就知道我在講什麼。

你可以用以下的方法去面對：

1 想辦法不要覺得這是你個人的問題：這類關係的結果，通常是讓我們覺得自己活該被罵，這是個誘餌，釣出潛藏在我們身上蠢蠢欲動的羞愧感或冒牌者症候群。這絕對不是對方第一次造成這種局面，一定也有其他人和他們相處時有類似的經歷。如果你非常貼近地觀照自己，你就會知道自戀型的人其實沒有任何親密的人際關係，在他們身邊打轉的人，只是爲了達成自己的目的而奉承這些人。眞的有能力的人早晚都會離開。

2 繼續假裝下去：絕對不要讓對方知道你已經看透了他們的眞面目，他們很難改變，因此，是你要改變回應他們的方法。自戀型的人會強烈認定自己應該是怎麼樣的人，如果無法活成這種理想狀態，他們會被自己的羞慚所控制，遭遇任何挑戰時，他們就會以侵略性與報仇的心態反擊。因此你要改爲放任他們活在自己的假象觀點中，在你能忍受的範圍內滿足他們的虛榮心，讓他們維持假面形象。這是爲了讓你能自保。最好的辦法，是鼓勵這種人力爭上游。你可能會意外地發現，你在這方面有好多盟友。我們看過多少次這種事了？這種人受到提拔，不再擋住你的路，成爲別人的問題。

3. 對你自己的行爲負責：關係成癮的人，容許自己被別人掌控或操弄，這種人天生就能吸引自戀型的人。如果少了別人餵養他們的自尊，自戀型的人活不下去，關係成癮的人則會放棄自己的需求、滿足自戀型人的需要。這兩種人是完美組合。如果你傾向於把別人的需求放在自己之前，總是在幫別人滅火救急、想著要討好對方，那就代表你出現了關係成癮的行爲，這會讓你自然而然成爲自戀人際關係中的另外一邊。你在之前的生活中很可能已經有過類似的經驗。

4. 脫離：就算這些戰術你用起來得心應手，但是，要在自戀型的人手下工作仍會讓你覺得疏離、緊繃且焦慮，對於你個人、你的事業或是你的其他人際關係來說，這些都不是好事。審慎考慮你想不想再繼續爲此人效命，如果他們的行爲愈來愈惡劣時更要好好想。如果他們是組織裡很受歡迎的人物（或是無人敢反對的人），你的疑慮可能就不會受到該有的重視。以「壓力」爲由請病假不會改變任何事，但我經常看到在這種情況下出現的病假條。你沒病！你是情緒上被人虐待。請病假可以治療徵狀，但無法治癒疾病。

絕對不可做的事

不要挑戰他們。如果對象是自戀型的人，用來處理霸凌的常見建議都無效，只會讓他們的暴行變本加厲。請記住，這些人沒有同理心，他們才不在乎你對他們的行爲有什麼感覺，他們只管你有沒有讓他們自我感覺良好。實際上，你愈悲慘，他們會覺得愈開心。

要保有你的理智和事業，唯一的方法就是遠離這種人。你要開始照顧你自己，而不是別人，你將會因此變得更快樂。

人力資源部門：你們碰上了已經啟動的定時炸彈

如果你聘用的經理人中就有這種人，那麼，請你要明白一件事：他們的行爲很可能愈來愈惡劣，你不太可能視而不見太久。對於這種人，很難有人會提供坦誠的回饋意見，因爲大家都怕被報復。你可以從很多線索中窺見問題，更別說留任率數字清清楚楚說明一切。在這種人尚未對於公司的文化與聲譽造成更多傷害之前，找個理由讓他們離開。如果你眞的無法承擔失去這些人正面貢獻的後果（比方說，開發業務的能力），把他們轉調回來，變回不用帶領部屬的獨立貢獻者。他們可以像超級英雄一樣，因爲創造出成果而接受歡呼，但又不會傷害到別人。

第五部

自由

24 如果你不再是一個瘋狂忙碌的人，那你會是誰？

- 你省下來的時間要用來做什麼？
- 如果你已經不再說自己是「瘋狂忙碌」的人，那你是什麼樣的人？
- 如今，你的清單上最重要的就是你自己的打算，上面寫了些什麼？

幾百萬人期待永生，但不知道自己在下雨的週日午後要做什麼。

——英國作家蘇珊・艾耳茲（Susan Ertz）

瘋狂忙碌已經不再是你的榮譽徽章，你已經擺脫對你不再有用的思考與行爲模式。

你掌握了自己的人生，選擇你想要做的事以及什麼時候要去做。這也就是我對成功的定義。

當你把倉鼠從滾輪上帶下來時，牠知道自己之後要做什麼嗎？

如果你已經不再是瘋狂忙碌的人，那你是誰？

瘋狂忙碌的人在表面之下其實是很敏感的高成就者，我們很在意別人怎麼看我們、我們是不是夠好了。我們也是控制狂，想要掌控所有人事物，好讓自己覺得安心，這也是我們得以成功的原因，但是付出的代價是犧牲我們的心理健康與渴望。我們抑制自己的願望、優先考慮別人，我們放棄自己的力量。

我們這一路學習種種治療的方法，努力奪回組織面的拖累害我們失去的時間，我們學會了畫出界限，我們開始更主動選擇一整天要做的事，我們把自己的打算放在前面，而不是先去管別人。我們知道自己想要什麼，而且我們敢於要求。我們不再那麼擔心能不能讓每個人都開心，因爲我們知道那是一件不可能的任務。

能掌控自己如何運用時間，眞是大大的解放。我們活得更貼近自己的價值觀，也更成功。但是，當你在改變時，請預期到你也會感到脆弱。一整天都有忙不完的麻煩小事是很好的藉口，讓我們不用專注於眞正的挑戰或直接面對生命中的落差。成爲忙碌的受害者，可以讓我們脫離嚇人的情境。「我不能在這場大型研討會上演講，我手邊還有太多事要做。」匆忙是很好的干擾因素，讓我們分心，不去關注自己實際上是怎麼樣的人以及我們需要什麼。

我有一位客戶覺得和孩子很疏離，他不再努力趕在孩子睡覺前回到家，怪問題出在他的工作要求太多。我還有更多客戶把周末的時間都花在過度工作和運動上，不願意慢下來建立人際關係，讓生活陷入雜亂無章當中。誰不曾因爲不想冒險在社交上被排拒，而拿工作太累爲藉口先離開派對？我很清楚，我有罪，我也做過。

如果我們因爲忙碌而抹煞自己眞實的感受與需求，就無法享有應得的豐碩成就與愛。

請容我在這裡改寫《脆弱的力量》（*Daring Greatly*）作者與TED大會知名演講人布芮尼．布朗博士（Brené Brown）的話：忙碌是很好的麻木策略，我們當中就有許多人很熟悉此道。布朗博士透過她所做的研究，呼籲我們要了解自己的需求與渴望，並容許自己脆弱。

治療瘋狂忙碌的症狀代表要抬起頭來面對眞實的自我。不要再拿自己和別人相比較，多挪一點時間，從事會讓你想擁有豐富成果與幸福的工作和活動。

你眞正需要的到底是什麼？

你真正需要的到底是什麼？

我不希望你「少做一點」，你需要的，是多做一點。

就像蘿拉・范德康（Laura Vanderkam）在她的書《168 小時：你擁有的時間比想像中更多》（*168 Hours: You Have More Time Than You Think*）詳述的，你每個星期都有一百六十八個小時，書名就直截了當這樣說了：比你想像中更多，對吧？

現在的你要如何運用這些時間？你或許把同樣多的時間花在工作上，但你能做出更好的選擇，更謹愼運用。

我只希望你能少做一點錯事，多做一點能讓你幸福、成功且充實的事。

卸下瘋狂忙碌的重擔後得到的自由

我希望你：

- 關機，然後再全心全意開機，你不用再逼迫自己想辦法進入永無休止的多工模式。
- 堅守你自己該做的事，不要忙著對別人的工作無所不管，或是因爲只有你才能把事情做好而出手去做別人的事。不是什麼事都要做到完美。
- 找時間培養人才，別人說話時要看著對方，眞的要讓人覺得受到重視、覺得自己很特別，這樣他們才會覺得自己很好。
- 思考，找到腦袋放空時段去從事創新，要有創意，找到方法解決複雜的問題，有必要時拿出最好的一面。

別再因爲沒有去評估應該如何運用時間，又不知不覺夢回到不健康、沒有生產力而且有害的習慣。如果你的同事以及你深愛的人都覺得你眞的有在聽他們說，他們會想要和你一起徹底思考自己的問題、以便找出自己的答案，這樣的你，在多數企業組織裡都會絕無僅有的異類。

最重要的，我希望你能花點時間，重新愛上你所做的工作，並在工作裡找到意義，而不是陷在忙碌當中。

時間不僅是金錢而已

我已經談過很多時間的經濟價值：轉換任務的投資成本、因爲組織面的拖累而浪費掉的時間以及企業沒有替員工清理路徑、以致於浪費掉了高薪請來的人才。

時間不僅是一種我們無法另尋替代的資源，也具有重要的個人價值。

請不要把你在工作上的寶貴時間虛耗在不重要或毫無意義的電子郵件對話上、或是他人急迫又自私的需求上。

能忙於工作和生活是一種特權，但你現在應該換掉互相比忙、失去控制的瘋狂忙碌，改爲選擇美好、幸福、有使命感、聚焦能且與人建立起關係的忙碌與效率。

這個世界自新冠肺炎疫情之後已經大不相同。如今的企業組織可以用多種方法追蹤生產力，不用像泰勒的碼表這麼不尊重人。我們知道，在很多情況下的產出也確實提升了。但，投入要素呢？我們又如何滋養與照顧自己？以很多人來說，當工作和家庭之間的界限愈來愈不明顯，就會爆發瘋狂忙碌。忙碌可以暫時把我們的心思帶離可怕的外部力量，但這是一種很不健康的生存策略。

明天再重新開始，那封電子郵件也可以等到那時。

我但願本書能敦促你做出持續性的改變，影響你的人生、和你一起工作的同事以及你所愛的人。

此時此刻，你也該改變你的敘事，重新發掘自我。找到你眞正能改變局面的因素。你要有勇氣才能走到那個地步並承擔風險，因此，請好好規畫第一步，然後邁步向前！

下一次如果有人問你過得如何，你會怎說？請寫個電子郵件告訴我，地址爲：zena@zenaeverett.com。

請訂閱我每個月發表的文章，以幫助你一直都能過得好；我保證，這會是隻羚羊。

請洽 www.zenaeverett.com。

參考書目

Aristotle, *Politics*, translated by A. M. William Ellis (2015) CreateSpace Independent Publishing Platform.

簡介

- Wansink, B. (2006), *Mindless Eating: Why We Eat More Than We Think*, New York: Bantam Books.
- Holt-Lunstad J., Smith T.B., Baker M., Harris T., Stephenson D., (March 2015), 'Loneliness and social isolation as risk factors for mortality:a meta-analytic review'.Perspect Psychol Sci. 2015 Mar;10(2):227–37. doi: 10.1177/1745691614568352. PMID: 25910392.
- Mankins, M., Garton, E. (2017), *Time, Talent, Energy, Overcome Organi- zational Drag and Unleash Your Team's Productive Power*, Boston, MA: Harvard Business Review Press.
- Dahlgreen, W. (2015) '37% of British workers think their jobs are mean- ingless', YouGov, available at: <yougov.co.uk/topics/lifestyle/articles- reports/2015/08/12/british-jobs-meaningless> (accessed December 2020).

第1章

- Goldsmith, M. (2008), *What Got You Here Won't Get You There*, London: Profile Books.

- Richardson, K. and Norgate, S.H. (2015) 'Does IQ really predict job performance?' *Applied Developmental Science*, 19(3): 153–169.
- Cast, C. (2018) *The Right and Wrong Stuff: How Brilliant Careers are Made and Unmade*, New York: Public Affairs.
- Beattie, M. (1986) *Codependent No More: How to Stop Controlling Oth- ers and Start Caring for Yourself*, Center City, MN: Hazelden Publishing.

第2章

- Cast, C. (2018) *The Right and Wrong Stuff: How Brilliant Careers are Made and Unmade*, New York: Public Affairs.

第4章

- Dillard, A. (1989) *The Writing Life*, New York: Harper Perennial.
- Dweck, C. (2017) *Mindset — Changing the Way you Think to Fulfil Your Potential*, London: Robinson.
- Whitmore, J. (2002) *Coaching for Performance*, London: John Murray Press.
- Camerer, C. et al. (1997) 'Labor Supply of New York City Cabdrivers: One Day at a Time' *Quarterly Journal of Economics*, 112: 407–41.
- Burkeman, O. (2012) *The Antidote: Happiness for People Who Can't Stand Positive Thinking*, London: Canongate Books Ltd.

第5章

- Campari, G. et al., (2016) *The 99 Essential Business Questions To Take You Beyond the Obvious Management Actions*, Croydon: Filament Pub- lishing Ltd.
- Ferriss, T. (2007) *The 4-Hour Workweek: Escape 9-5, Live Anywhere, and Join the New Rich*, New York: Crown Publishing Group.

第6章

- Zeigarnik, B. (1938) 'On Finished and Unfinished Tasks', in W. D. Ellis (Ed.), *A Sourcebook of Gestalt Psychology* (pp. 300–314), London: Kegan Paul, Trench, Trubner & Co.
- Draper, D. (2018) *Create Space: How to Manage Time and Find Focus, Productivity and Success*, London: Profile Books.

第7章

- Ofcom (2018) Communications Market Report, available from: <www. ofcom.org.uk/ data/assets/pdf_file/0022/117256/CMR-2018-narrative- report.pdf>
- Ophir E., Nass C. and Wagner A.D. (2009) 'Cognitive control in media multitaskers', Proceedings of the National *Academy of Sciences of the United States of America*, September, 106(37): 15583–15587.
- Miller, G.A. (1956) 'The magical number seven, plus or minus two: Some limits on our capacity for processing information', *Psychological Review*, 63(2): 81–97.
- Meyer, D.E., Evans, J.E., Lauber, E.J., Rubinstein, J., Gmeindl, L., Junck, L. and Koeppe, R.A. (1997) 'Activation of brain mechanisms for executive mental processes in cognitive task switching', *Journal of Cognitive Neu- roscience*, Vol. 9.

第8章

- Cranston, S. and Keller, S. (January 2013), Increasing the Meaning Quotient at Work, McKinsey Quarterly, available from: <www.mck- insey.com/business-functions/organization/our-insights/increasing- the-meaning-quotient-of-work>
- Kotler, S. and Wheal, J. (2017) *Stealing Fire*, New York: HarperCollins- Publishers.
- Csikszentmihalyi, M. (2008), *Flow: The Psychology of Optimal Experience*, New York: Harper Perennial Modern

Classics.

- Krznaric, R. (2012) *How to Find Fulfilling Work*, London: The School of Life.
- Evans, J. (2017) *The Art of Losing Control:A Philosopher's Search for Ecstatic Experience*, London: Canongate Books Ltd.

第 9 章

- Ofcom (2018) Communications Market Report, available from: https://www.ofcom.org.uk/__data/assets/pdf_file/0022/117256/ CMR-2018-narrative-report.pdf

第 10 章

- Chui M. et al. (July 2012) *The Social Economy: Unlocking Value and Produc- tivity Through Social Technologies*, New York: McKinsey Global Institute.
- Zhu, M. and Yang, Y. (2018) *The Mere Urgency Effect*, Oxford: Oxford University Press.

第 11 章

- Dorothy Parker quote from Woollcott, A. (1989) *While Rome Burns*, New York: Simon and Schuster Ltd.
- Bregman, P. (2011) *18 Minutes to Find Your Focus, Master Distractions & Get The Right Things Done*, London: Orion Books Ltd.
- Mark, G., Gonzalez, V. and Harris, J. (2005) No task left behind? Examining the nature of fragmented work, In *Proceedings of the CHI Con- ference on Human Factors in Computing Systems*, ACM Press, 113–120.
- Mark, G., Gudith, D. and Klocke U. (2008) The cost of interrupted work: more speed and stress. In Proceedings of the *CHI Conference on Human Factors in Computing Systems*, ACM Press, 107–110.

第12章

- Williams, J. (2018) *Stand Out of Our Light: Freedom and Resistance in the Attention Economy*, Cambridge: Cambridge University Press.
- Porter, H. (2016) 'Why cool cats rule the internet', *The Telegraph online*, available at: <https://www.telegraph.co.uk/pets/essentials/why-cool- cats-rule-the-internet/> (accessed December 2020)
- Raphael, R. (2017) 'Netflix CEO Reed Hastings: Sleep is our com- petition', *Fast Company*, available at: <https://www.fastcompany. com/40491939/netflix-ceo-reed-hastings-sleep-is-our-competition?> (accessed December 2020).
- Stewart, J.B. (2016) 'Facebook has 50 minutes of your time each day: It wants more', *The New York Times*, 5 May.
- dscout (2015) 'Mobile touches, dscout's inaugural study on humans and their tech', June 15 available from: https://blog.dscout.com/ mobile-touches
- Ward, A.F., Duke, K., Gneezy, A. and Bos, M.W. (2017) 'Brain drain: The mere presence of one's own smartphone reduces available cognitive capacity', *Journal of the Association for Consumer Research*, 2,(2): 140–154.

第13章

- Bregman, P. (2011) *18 Minutes to Find Your Focus, Master Distractions & Get The Right Things Done*, London: Orion Books Ltd.
- Repenning, N., Kieffer, D. and Repenning, J. (2018) 'A new approach to designing work', *MIT Sloan Management Review*, available at: <sloanre- view.mit.edu/article/a-new-approach-to-designing-work/>

第14章

- Iyengar, S. (2011) *The Art of Choosing: The Decisions We Make Everyday of our Lives, What They Say About Us and How We Can Improve Them*, London: Abacus.

第15章

- Taylor, F.W. (1998 edition), *The Principles of Scientific Management*, New York: Dover Publications Inc.
- Gallup, Inc. (2017) *State of the Global Workplace Report*, Washington: Gallup Press.
- Locke, E.A. and Latham, G.P. (1990) *A Theory of Goal-Setting and Task Performance*, New Jersey: Prentice Hall.
- Reeves, M., Torres, R. and Hassan, F. (2017) 'How to regain the lost art of reflection', *Harvard Business Review*, 25 September.

第16章

- ACAS, 'Neurodiversity in the workplace', available at: <archive.acas. org.uk/neurodiversity> (accessed December 2020)

第17章

- Doshi, N. and McGregor, L. (2015), *Primed to Perform: How to Build the Highest Performing Cultures Through the Science of Total Motivation*. New York: Harper Business.
- Bloom, N., Liang, J., Zhichun, R.J. and Ying, J. (2013) *Does Working from Home Work? Evidence from a Chinese Experiment*, Cambridge, MA: National Bureau of Economic Research.

第19章

- Amabile, T. and Kramer, S. (2011) *The Progress Principle: Using Small Wins to Ignite Joy, Engagement and Creativity at Work*, Boston, MA: Harvard Business Press.

第20章

- Edmondson, A.C. (2018) *The Fearless Organization: Creating Psycho- logical Safety in the Workplace for Learning, Innovation, and Growth*, New Jersey: Wiley.
- Duhigg, C. (2016) *What Google Learned From Its Quest to Build the Perfect Team*, New York: The New York Times.

第22章

- Lee H., Aldwin C.M., Choun S. and Spiro A. (2019), 'Impact of combat exposure on mental health trajectories in later life: Longitudinal find- ings from the VA Normative Aging Study' *Journal of Psychological Ageing*, 34(4):467–474.
- Hochschild, A.R. (1983) *The Managed Heart: Commercialization of Human Feeling*, Oakland, CA: University of California Press.
- Waldinger, R.J. (2017) 'Over nearly 80 years, Harvard Study has been showing how to live a healthy and happy life', *Harvard Gazette*, 4 November.
- Palmer S., Cooper C. and Thomas K. (2003) *Creating a Balance: Managing Stress*, London: British Library.
- Tania Brown Yoga <www.taniabrownyoga.co.uk>

第24章

- Ertz, S. (1943) *Anger in the Sky*, London: Hodder & Stoughton.
- Brown, B. (2012) *Daring Greatly: How the Courage to be Vulnerable Transforms the Way we Live, Love, Parent and Lead*, New York: Avery Publishing Group.
- Vanderkam, L. (2019) *168 Hours: You Have More Time Than You Think*, New York: Portfolio.

國家圖書館出版品預行編目資料

瘋狂忙碌拯救法：工作忙瘋了自救處方/曾娜.艾芙瑞特(Zena Everett)作；吳書榆譯. -- 初版. -- 臺北市：大塊文化出版股份有限公司, 2022.08

264面； 14.8×20公分. -- (smile ; 187)

譯自：The crazy busy cure : a productivity book for people with no time for productivity books

ISBN 978-626-7118-80-1(平裝)

1.CST: 工作效率 2.CST: 時間管理 3.CST: 職場成功法

494.01 111010475

LOCUS

LOCUS

LOCUS

LOCUS